普通高等教育"十三五"规划教材

U0183944

C 语言程序设计实训教程
与水平考试指导(第二版)

主　编　肖　捷　陈雪芳　敖　欣

副主编　赵维俭　冯能山　刘立平　黄瑜岳

主　审　李　勇　徐钦桂

中国铁道出版社有限公司
CHINA RAILWAY PUBLISHING HOUSE CO., LTD.

内 容 简 介

本书是与主教材《C 语言程序设计》(第二版)(肖捷、侯家利、敖欣主编,中国铁道出版社有限公司出版)配套的实验与习题辅导用书。

全书由六部分组成。第一至第四部分为实验指导,基于"阶梯递进"的教学模式(演示实验→自主实验→主题实验)。其中,第一部分为 C 语言上机操作指南,介绍 C 语言编程环境与上机步骤;第二部分为演示实验,侧重程序调试的基本方法与技巧,通过"演示案例→模仿习题→提高习题"的实验过程,培养学生程序调试能力;第三部分为自主实验,紧扣课堂教学,通过"程序示例→独立编程"的实验过程,循序渐进地使学生掌握程序设计基本知识、典型算法和编程思想,培养学生基础编程能力;第四部分为主题实验,侧重综合性编程训练,通过"案例分析→应用设计"实验过程,培养学生综合编程能力。第五部分为全国高等学校计算机水平考试指导,介绍 C/C++程序设计二级考试大纲,并提供五套模拟试题,帮助学生有针对性地准备全国联考。附录 A 中提供了主教材各章习题及第五部分五套模拟试题的参考答案,帮助学生巩固各章所学知识。

本书适合作为高等院校学生学习 C 语言程序设计课程的配套用书,也可作为全国高等学校计算机水平考试(C/C++程序设计)的辅导用书。

图书在版编目(CIP)数据

C 语言程序设计实训教程与水平考试指导/肖捷,陈雪芳,敖欣主编. —2 版. —北京:中国铁道出版社有限公司,2020.8(2023.7重印)

普通高等教育"十三五"规划教材

ISBN 978-7-113-26614-1

Ⅰ.①C… Ⅱ.①肖…②陈… ③敖… Ⅲ.①C 语言-程序设计-高等学校-教学参考资料 Ⅳ.①TP312

中国版本图书馆 CIP 数据核字(2020)第 002856 号

书　　名:C 语言程序设计实训教程与水平考试指导
作　　者:肖 捷　陈雪芳　敖 欣

策　　划:唐 旭　　　　　　　　　　　编辑部电话:(010)51873202
责任编辑:刘丽丽　李学敏
封面设计:白 雪
封面制作:刘 颖
责任校对:张玉华
责任印制:樊启鹏

出版发行:中国铁道出版社有限公司(100054,北京市西城区右安门西街 8 号)
网　　址:http://www.tdpress.com/51eds/
印　　刷:北京铭成印刷有限公司
版　　次:2016 年 1 月第 1 版　2020 年 8 月第 2 版　2023 年 7 月第 3 次印刷
开　　本:787 mm×1 092 mm 1/16　印张:11.75　　字数:290 千
书　　号:ISBN 978-7-113-26614-1
定　　价:38.00 元

前　言

　　本书是与主教材《C语言程序设计》（第二版）（肖捷、侯家利、敖欣主编，中国铁道出版社有限公司出版）配套的实验与习题辅导用书。

　　程序设计是高等院校重要的计算机基础课程，它以编程语言为平台，介绍程序设计的思想和方法。学生通过该课程的学习，不仅要掌握程序设计语言的知识，更重要的是在实践中逐步掌握程序设计的思想和方法，培养学生问题求解和程序语言的应用能力。目前，C语言已被许多高等院校列为程序设计课程的首选语言。

　　C语言程序设计是一门实践性很强的课程，学生必须通过大量的编程训练，在实践中掌握程序设计语言，培养程序设计的基本能力，并逐步理解和掌握程序设计的思想和方法。因此，培养学生的实践编程能力是课程教学的重点，教材的组织必须满足课程教学的要求。

　　全书由六部分组成。第一至第四部分为实验指导，基于"阶梯递进"的教学模式（演示实验→自主实验→主题实验）。其中，第一部分为C语言上机操作指南，介绍C语言编程环境与上机步骤；第二部分为演示实验，侧重程序调试的基本方法与技巧，通过"演示案例→模仿习题→提高习题"的实验过程，培养学生程序调试能力；第三部分为自主实验，紧扣课堂教学，通过"程序示例→独立编程"的实验过程，循序渐进地使学生掌握程序设计基本知识、典型算法和编程思想，培养学生基础编程能力；第四部分为主题实验，侧重综合性编程训练，通过"案例分析→应用设计"实验过程，培养学生综合编程能力。第五部分为全国高等学校计算机水平考试指导，介绍C/C++程序设计二级考试大纲，并提供五套模拟试题，帮助学生有针对性地准备全国联考。附录A中提供了主教材各章习题及第五部分五套模拟试题的参考答案，帮助学生巩固各章所学知识。

　　根据教学需要，结合读者反馈意见，本书在第一版的基础上从三方面进行了修订：第一，修改第三部分自主实验的题型设置，由程序示例、程序模仿、独立编程三种题型改为程序示例、独立编程两种题型，增加了自主实验的难度，更能训练学生的解题思维；第二，修改第四部分主题实验，让学生模仿主教材中的综合案例，用结构化程序设计方法，结合不同数据结构完成一个综合性应用系统的开发，培养综合编程能力；第三，增加主教材各章习题参考答案。本书修订后更加完善，更便于读者使用。

　　本书由肖捷、陈雪芳、敖欣任主编并统稿，赵维佺、冯能山、刘立平和黄瑜岳任副主编。东莞理工学院李勇教授和徐钦桂教授认真、仔细地审阅了全书，并提出了许多宝贵意见，在此表示衷心的感谢。另外，在本书编写、修订过程中，许多老师和同学都提出了宝贵的意见和建议，在此一并表示感谢。

　　为了便于读者学习，本书还免费提供实验与模拟试题素材，有需要的读者可以与编者联系。联系电话：13549379596，E-mail：398948928@QQ.com。

　　由于时间仓促和编者水平有限，疏漏和不妥之处在所难免，敬请读者批评指正。

编　者
2020 年 6 月

目　录

第一部分
C 语言上机操作指南

程序设计是实践性很强的课程，任何程序最终都必须在计算机上运行，以检验程序的正确性。因此在学习程序设计中，一定要重视上机实践环节，通过上机可以加深理解 C 语言的有关概念，以巩固理论知识；另一方面也可以培养程序调试的能力与技巧。下面简单介绍 C 语言程序的上机步骤和 Visual C++语言集成环境，以帮助学生掌握 C 语言的上机操作。

1.1　C 语言程序的上机步骤

按照 C 语言语法规则编写的程序称为源程序，由字母、数字及其他符号等构成的字符序列，并保存在扩展名为.c 的文件中（注意：C++的源程序文件的扩展名为.cpp）。源程序无法直接被计算机运行，需要把源程序翻译成机器指令，然后才能被计算机运行。

源程序翻译过程由两个步骤实现：编译与连接。编译就是把每一条语句用若干条机器指令来实现，以生成由机器指令组成的目标程序（扩展名为.obj 的文件），计算机还不能直接运行目标程序。连接就是把"库函数"的处理过程连接到经编译生成的目标程序中，生成可执行程序（扩展名为.exe 的文件），交由计算机运行，最终得到结果。C 语言程序的调试、运行步骤可以用图 1-1 表示。

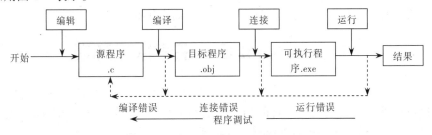

图 1-1　C 语言程序的调试、运行步骤

在图 1-1 中，虚线表示当某一步骤出现错误时的修改路线。无论是出现语法错误、连接错误，还是运行错误，都需要修改源程序，并对它重新编译、连接和运行，直至将程序调试正确为止。

程序中的错误大致可分为 3 类：语法错误、连接错误和运行错误。

（1）语法错误：也称编译错误，编译程序时检查出来的错误。通常是编程者违反了 C 语言的语法规则，如保留字输入错误、大括号不匹配、语句少分号等。

（2）连接错误：连接程序时检查出现的错误。一般由于未定义或未指明要连接的函数，或者函数调用不匹配等因素引起，对系统函数的调用必须通过 include 说明。

对于语法错误和连接错误，C语言系统会提供出错信息，包括出错位置（行号）、出错提示信息。编程者可以根据这些信息，找出相应错误所在。有时系统提示的一大串错误信息，并不表示真的有这么多错误，而是由前面的一两个错误带来的。所以纠正了几个错误后，不妨再编译连接一次，然后根据最新的出错信息继续纠正。对初学者来说，最好的办法是每次只改正第1个错误，再重新编译和连接，根据最新的出错信息继续纠正。

（3）运行错误：也称语义错误或逻辑错误，在执行程序过程中出现了结果错误。有些程序通过了编译连接，并能够在计算机上运行，但得到的结果不正确，这类在程序执行过程中的错误往往最难改正。错误的原因多种多样，可能是程序书写错误产生的，也可能是程序的算法不正确，解题思路不对造成的，这就需要编程者调试程序。

调试程序就是找出错误所在位置并纠正错误的过程。解决运行错误的首要步骤是错误定位，即找到出错的位置，才能予以纠正。通常先设法确定错误的大致位置，然后通过C语言提供的调试工具找出真正的错误。为了确定错误的大致位置，可以先把程序分成几大块，并在每一块的结束位置，手工计算一个或几个阶段性结果，然后用调试方法运行程序，到每一块结束时，检查程序运行的实际结果与手工计算结果是否一致，通过这些阶段性结果来确定各块是否正确。对于出错的程序块，可逐条仔细检查各语句，找出错误所在。如果出错块程序较长，难以一下子找出错误，可以进一步把该块细分成更小的块，按照上述步骤进一步检查。在确定了大致出错位置后，如果无法直接看出错误，可以通过单步运行相关位置的几条语句，逐条检查，一定能找出错误的语句。

当程序出现计算结果有时正确有时不正确的情况时，其原因一般是算法对各种数据处理情况考虑不全面。解决办法最好多选几组典型的输入数据进行测试，除普通的数据外，还应包含一些边界数据和不正确的数据。比如确定正常的输入数据范围后，分别以最小值、最大值、比最小值小的值和比最大值大的值，多方面运行检查自己的程序。

下面以VC++ 6.0为上机平台，对C程序编译、连接和调试做简单介绍。建议一开始上机学习时，把注意力放在程序的编译、连接和运行，以能运行为目标，而把调试部分放到学习了第4章后再看，只有具有一定的程序语句量，调试才有作用。

1.2 Visual C++语言集成环境

C++语言是在C语言的基础上发展而来，它增加了面向对象的编程，成为当今最流行的一种程序设计语言。Visual C++（简称VC++）是微软公司开发的，面向Windows编程的C++语言工具。它不仅支持C++语言的编程，也兼容C语言的编程。

1.2.1 启动VC++

选择"开始"→"所有程序"→Microsoft Visual Studio 6.0→Microsoft Visual C++ 6.0命令，可启动VC++，屏幕上将显示图1-2所示的窗口。

1.2.2 新建/打开源程序

（1）新建：如果源程序文件不存在，则选择"文件"→"新建"命令，打开图1-3所示的"新建"对话框，单击"文件"标签，选中C++ Source File选项，单击"确定"按钮，新建一个源程序文件编辑窗口，然后在编辑窗口中输入源程序。

图 1-2 VC++窗口

图 1-3 新建文件

（2）打开：如果源程序文件已经存在，则选择"文件"→"打开"命令，打开"打开"对话框，查找指定的源程序文件，单击"打开"按钮，打开一个源程序文件编辑窗口，然后在编辑窗口中编辑源程序。

1.2.3 保存源程序

在 VC++的编辑窗口完成源程序的编辑后，可以使用"文件"→"保存"命令保存文件，如图 1-4 所示。注意：保存文件时，应指定源程序文件的扩展名为.c，否则系统将按 C++源程序文件的扩展名.cpp 来保存。例如，用 test.c 作为源程序文件名，也可以使用其他方式保存文件。

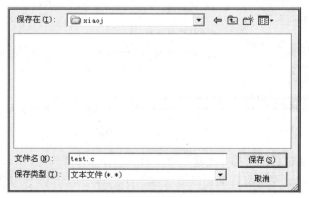

图 1-4 保存文件

1.2.4　执行程序

首先必须经编译连接生成可执行文件，然后才能执行。选择"组建"→"组建"命令，如图 1-5 所示，也可按【F7】键。在编译连接过程中系统将保存修改后的程序，并生成一个同名的工作区。

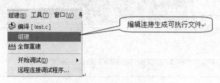

图 1-5　编译连接菜单

如果程序有错误，将在信息窗口中显示：1 error(s)，0 warning(s)，如图 1-6 所示，其中 error(s)表示致命错误，warning(s)表示警告错误。警告错误不影响程序执行，但致命错误必须纠正。纠正错误时，只需双击某行出错信息，程序窗口中会指示对应出错位置，根据信息窗口的提示逐一纠正，然后重新编译连接，直到完全正确。

图 1-6　编译连接出错

如果程序没有错误，将在信息窗口中显示内容：0 error(s)，0 warning(s)，如图 1-7 所示。表示编译连接过程通过，并生成可执行文件。

图 1-7　编译连接正确

程序编译连接通过后，选择"组建"→"执行"命令（或按【Ctrl+F5】组合键），执行程序。当程序运行时，系统将自动弹出图 1-8 所示的程序运行窗口，按任意键将关闭运行窗口。

注意：在 VC++中，对于程序的编译、连接和执行操作，系统还提供了"编译微型条"工具条，如图 1-9 所示。

Hello!

图 1-8 程序运行窗口　　　　　　　　　图 1-9 "编译微型条"工具条

1.2.5 关闭程序工作区

当一个程序编译连接后，VC++系统自动产生相应的工作区，以完成程序的运行和调试。若想执行第二个程序时，必须关闭前一个程序的工作区，然后通过新的编译连接，产生第二个程序的工作区。否则运行的将一直是前一个程序。

VC++提供关闭程序工作区的功能，如图 1-10（a）所示，选择"文件"→"关闭工作区"命令，弹出图 1-10（b）所示的对话框，若单击"否"按钮，则只关闭工作区，保留源程序窗口。若单击"是"按钮，将同时关闭源程序窗口。一般单击"是"按钮。

（a）关闭工作区　　　　　　　　（b）提示对话框

图 1-10 关闭程序工作区

1.2.6 命令行参数处理

VC++是一个基于窗口操作的 C++系统，没有提供命令行参数功能，需要在 Windows 的"MS-DOS 方式"窗口中以命令方式实现。具体步骤参考如下：

① 正确编译连接，生成可执行程序。

② 通过"计算机"或"资源管理器"找到所运行的 C 源程序（文件名设为 test.c）。

③ 进入 debug 文件夹（它包含 test.c 程序的可执行文件 test.exe）。

④ 执行"开始"→"运行"菜单，输入 cmd，然后单击"确定"按钮。

⑤ 在打开的"MS-DOS 方式"窗口中输入：test 参数 1 参数 2……，带参数运行程序。

1.2.7 程序调试

在学习 C 语言程序设计过程中，需要逐步培养调试程序的能力，掌握程序调试的基本方法和技巧。这些都不可能靠几句话讲清楚，要靠自己在上机实践中不断摸索总结，可以说是一种经验积累。下面对程序调试常用操作方法做简单介绍，对于其他的操作读者可以自行实验，或参考有关 Visual C++手册。

一、程序执行到中途暂停以便观察阶段性结果

方法一：使程序执行到光标所在的那一行暂停。

① 在需要暂停的行上单击，定位光标。例如，在图 1-11 中将光标定位在 for 语句所在行。

② 选择"组建"→"开始调试"→Run to Cursor 命令（或按【Ctrl+F10】组合键），程序将执行到光标所在行暂停。如果把光标移动到后面的某个位置，再按【Ctrl+F10】组合键，程序将从当前的暂停点继续执行到新的光标位置，第二次暂停。

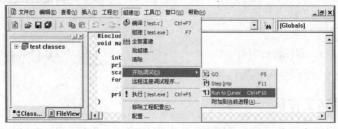

图 1-11　执行到光标所在行暂停

方法二：在需暂停的行上设置断点。

① 在需设置断点的行上单击，定位光标。

② 单击"编译微型条"工具条中最右的按钮，如图 1-12 所示（或按【F9】键），设置或取消断点。注意：被设置了断点的行前面会出现一个红色圆点标志。

注意：不管是通过光标位置还是断点设置，其所在的程序行必须是程序执行的必经之路，亦即不应该是分支结构中的语句，因为该语句在程序执行中受到条件判断的限制，有可能因条件的不满足而不被执行，这时程序将一直执行到结束或下一个断点为止。

图 1-12　设置断点

二、设置需观察的结果变量

按照上面的操作，使程序执行到指定位置时暂停，目的是为了查看有关的中间结果。在图 1-13 中，左下角窗口中系统自动显示了有关变量的值，其中：变量 a 和 b 的值分别是 1、100，而变量 i、s 的值是不正确的，因为它们还未被赋值。图中左侧的箭头表示当前程序暂停的位置。如果还想增加观察变量，可在图中右下角的"名称"文本框中填入相应变量名。

图 1-13　观察结果变量

三、单步执行

当程序执行到某个位置时发现结果已经不正确，说明在此之前肯定有错误存在。如果能确定一小段程序可能有错，先按上面的步骤暂停在该小段程序的头一行，再输入若干个查看变量，然后单步执行，即一次执行一行语句，逐行检查到底是哪一行造成结果出现错误，从而确定错误语句并予以纠正。

单击"调试"工具条中的 Step Over 按钮 或按【F10】键，如图 1-14 所示。如果遇到自定义函数调用，想进入函数进行单步执行，单击 Step Into 按钮 或按【F11】键。当想结束函数的单步执行，可单击 Step Out 按钮 或按【Shift+F11】组合键。对不是函数调用的语句来说，【F11】键与【F10】键的作用相同。但一般对系统函数不要使用【F11】键。

图 1-14　"调试"工具条

四、断点的使用

使用断点可以使程序暂停。一旦设置了断点，不管是否还需要调试程序，每次执行程序都会在断点上暂停。因此调试结束后应取消所定义的断点。方法是先把光标定位在断点所在行，再单击"编译微型条"工具条中最右的按钮 或按【F9】键，该操作是一个开关，单击一次是设置，单击二次是取消设置。如果有多个断点想全部取消，可选择"编辑"→"断点"命令，屏幕上会显示 Breakpoints 对话框，如图 1-15 所示，窗口下方列出了所有断点，单击 Remove All 按钮，将取消所有断点。

断点常用于调试较长程序，以避免使用 Run to Cursor 或【Ctrl+F10】组合键功能时，经常要把光标定位到不同的地方。而对于长度为上百行的程序，要寻找某个位置并不太方便。

如果一个程序设置了多个断点，按一次【F5】键会暂停在第一个断点，再按一次【F5】键会继续执行到第二个断点暂停，依次执行下去。

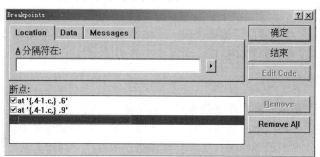

图 1-15　Breakpoints 对话框

五、停止调试

选择"调试"→Stop Debugging 命令（或【Shift+F5】组合键）可以结束调试，从而回到正常的运行状态。

第二部分

演示实验

程序调试能力差是大部分学生都存在的问题，演示实验侧重调试程序基本功的训练，围绕基本调试方法设计实验项目，实验项目的内容从简单到复杂，包括演示案例、模仿习题、提高习题，目的是使学生逐步掌握程序调试的基本方法，加强学生程序调试能力的培养。本部分共设计了 8 个程序调试方法和技巧的演示实验，教师在实验课堂上演示讲解，学生观看模仿，帮助学生理解程序调试、编译错误、连接错误、逻辑错误等基本概念，使学生能够较快速熟悉 C 编程环境，轻松学习程序调试的基本方法和技巧。

2.1 简单的程序查错方法

【实验目的】

1. 帮助学生理解程序调试、编译错误、连接错误、逻辑错误等基本概念。
2. 帮助学生认识常见的编译错误，学习解决办法。

【实验内容】

编译错误是最简单的一种程序错误形式，通常是拼写错误或格式错误。实验内容安排遵循"阶梯递进"模式，即演示—模仿—提高三部曲。通过在调试程序中设置一些常见的编译错误，让学生认识常见的编译错误，并学会编译错误的找错、纠错方法。

1.【演示案例】程序功能：在屏幕上显示 This is a C program!。

错误源程序：

```
#include <stdio.h>
void mian()
{
    printf("This is a C program!"\n)
}
```

正确运行结果：

```
This is a C program!
```

题目要求：打开"第 1 题"文件夹中的 error1_01.c 文件，调试运行程序。

调试步骤如下：

第 1 步：打开文件（文件名为 error1_01.c）。

第 2 步：编译。选择"组建"→"编译"命令，错误窗口显示错误信息，如图 2-1 所示。

第 3 步：纠正错误。先找错，双击错误窗口第一条错误信息，箭头指向程序窗口的出错语句，如图 2-1 所示。注意：一般箭头当前行或上行就是出错语句。错误信息 error C2001:

newline in constant 表示常量中出现新行，C 语言规定字符串常量以英文双引号括起来，行中缺少双引号。改正错误，在"\n"后添加右边英文双引号。

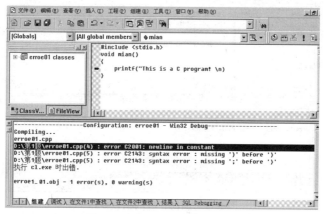

图 2-1 编译产生的错误信息

第 4 步：重新编译。错误窗口显示编译错误信息，如图 2-2 所示。

图 2-2 编译产生的错误信息

第 5 步：纠正错误。先找错，双击错误窗口第一条错误信息，箭头指向程序窗口的出错语句，如图 2-2 所示。错误信息 error C2143: syntax error : missing ';' before ')'表示该行末尾丢失英文分号。改正错误，在该行末尾补上一个英文分号。

第 6 步：再次编译。错误窗口显示编译正确信息，如图 2-3 所示。提示信息：error1_01.obj – 0 error(s), 0 warning(s)表示"生成 error1_01.obj 目标文件，0 个编译错误，0 个警告错误"，程序编译正确。注意：警告错误并不影响程序编译，但可能会影响运行结果，应尽量改正。

第 7 步：连接。选择"组建"→"组建"命令，错误窗口显示连接错误信息，如图 2-4 所示，错误信息 error LNK2001: unresolved external symbol _main。

第 8 步：纠正错误。错误信息表示在连接过程中未找到 main 标识符，C 源程序规定有且只能包含一个 main()函数，程序中的 main 拼写成了 mian，将其改为 main。

第 9 步：重新编译和连接。错误窗口显示连接正确信息，如图 2-5 所示。

图 2-3　编译正确的信息窗口

图 2-4　连接产生的错误信息

图 2-5　连接正确的信息窗口

第 10 步：运行。选择"组建"→"执行"命令，执行程序，结果窗口如图 2-6 所示。

图 2-6　程序运行结果

2.【模仿习题】程序功能：在屏幕上显示两行文字。

错误源程序：

```
#include <stdio.h>
int mian();
{
    print(Hello World.\n)
    print(You are Welcome!\n)
    return 0;
}
```

正确运行结果：

```
Hello World.
You are Welcome!
```

题目要求：打开"第 2 题"文件夹中的 error1_02.c 文件，调试运行程序。

3.【提高习题】（选做）程序功能：计算并输出两个整数之和。

错误源程序：

```
#include <stdio.h>
int mian();
{
    int a,b,sum

    a=123:b=456;
    sum=a+b

    print("sum is %d \n",sum);
    return 0;
}
```

正确运行结果：

```
sum is 579
```

题目要求：打开"第 3 题"文件夹中的 error1_03.c 文件，调试运行程序。

【实验总结】

总结实验过程中遇到的问题，列出解决问题的方法，谈谈体会。

2.2　简单的单步调试程序方法

【实验目的】

1. 帮助学生进一步认识常见编译错误，学习解决办法。

2. 帮助学生认识调试工具条、变量窗口和观察窗口。

3. 掌握简单的单步调试方法。

【实验内容】

单步调试是调试程序最基本的方法，查找纠正程序中的逻辑错误。在调试程序中设置简单的逻辑错误，让学生学习单步调试方法。

● 定制"调试"工具条：选择"工具"→"定制"命令，弹出"工具栏"选项对话框，选中"调试"选项，定制"调试"工具条，如图 2-7 所示。

图 2-7　"编译微型条"工具条和"调试"工具条

● ⑰按钮：单步调试（Step Over），单步执行程序窗口中箭头所指语句并暂停。

1. 【演示案例】程序功能：输入 x，计算并输出下列分段函数 $f(x)$ 的值（保留 1 位小数）。

$$y = f(x) = \begin{cases} \dfrac{1}{x} & (x \neq 0) \\ 0 & (x = 0) \end{cases}$$

错误源程序：

```c
#include <stdoi.h>
int main()
{
    double x,y;

    printf("Enter x: ");
    scanf("%lf",x);
    if(x!=0){
        y=1/x
    }
    else{
        y=0;
    }

    printf("f(%.2f)=%.1f\n",x,y);
    return 0;
}
```

正确运行结果：

```
Enter x: 10          Enter x: 0
f(10.00)=0.1         f(0.00)=0.0
```

题目要求：打开"第 1 题"文件夹中的 error2_01.c 文件，调试运行程序。

程序功能是计算并输出下列分段函数 f(x) 的值。单步调试方法的具体步骤：

第 1 步：打开源程序文件（文件名为 error2_01.c）。

第 2 步：编译连接。单击 (Compile) 按钮，编译错误 missing ';' before '}'表示 y=1/x 语句后缺少英文分号;，编译错误 local variable 'x' used without having been initialized 表示 scanf("%lf",x)语句中的变量 x 前缺少&符号，修改后编译连接，全部正确。

第 3 步：程序调试。单击 按钮，执行当前语句行并暂停在下一语句行，如图 2-8 所示，变量值显示在变量窗口 (Variables Window) 和观察窗口 (Watch Window) 中，在窗口中可以观察和改变变量或表达式的值。

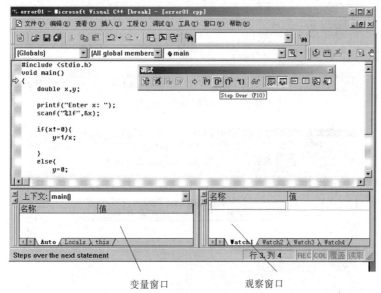

变量窗口　　　　　观察窗口

图 2-8　程序单步调试窗口

第 4 步：单击 按钮 3 次，程序执行到输入语句行暂停，如图 2-9 所示，观察变量窗口中 x 的值为不确定。继续单击 按钮，在运行窗口输入 10 后按【Enter】键,箭头指向 if(x!=0){行，如图 2-10 所示，观察变量窗口中 x 的值是 10。

图 2-9　程序单步调试窗口

第 5 步：继续单击 按钮 2 次，箭头指向 else{行，如图 2-11 所示，观察变量窗口中 x 和 y 的值分别是 10 和 0.1。

图 2-10 程序单步调试窗口

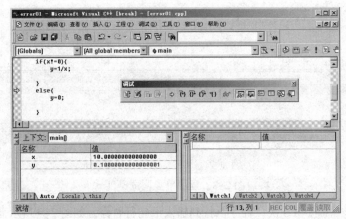

图 2-11 程序单步调试窗口

第 6 步：继续单击 ⊕ 按钮 2 次，箭头指向最后一行}，如图 2-12 所示，且运行窗口显示结果正确。

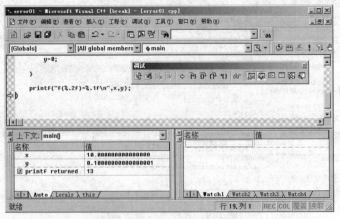

图 2-12 运行窗口的显示结果

第 7 步：单击按钮 ▣（Stop Debugging），结束程序调试。

2.【模仿习题】程序功能：输入 x，计算并输出下列分段函数 $f(x)$ 的值（保留 1 位小数）。

$$y = f(x) = \begin{cases} \dfrac{1}{x} & (x = 10) \\ x & (x \neq 10) \end{cases}$$

错误源程序：

```
#include <stdoi.h>
int main()
{
    double x,

    printf("Enter x: ");
    scanf("%f",x);
    if(x=10) y=1/x
    else(x!=10) y=x;

    printf("f(%.2f)=%.1f\n",x,y);
    return 0;
}
```

正确运行结果：

```
Enter x: 10      Enter x: 123
f(10.00)=0.1     f(123.00)=123.0
```

题目要求：打开"第 2 题"文件夹中的 error2_02.c 文件，调试运行程序。

3.【提高习题】（选做）程序功能：输入参数 a、b、c，求一元二次方程 $ax^2+bx+c=0$（$a \neq 0$）的实数根。

错误源程序：

```
#include <stdoi.h>
#include <math.h>
int main()
{
    double a,b,c,d,x1,x2

    printf("Enter a、b、c: ");
    scanf("%f%f%f",a,b,c);
    d=b*2-4ac
    if(d>0){
        x1=(-b+sqrt(d))/2a;
        x2=(-b-sqrt(d))/2a;
        printf("方程有不等实数根: \nx1=%.2f, x2=%.2f\n",x1,x2);
    }
    else if (d=0){
        x1=x2=-b/2a;
        printf("方程有相等实数根: \nx1=x2=%.2f\n,x1);
    }
    else{
        printf("方程无实数根!!! \n");
    }
```

```
    return 0;
}
```

正确运行结果：

Enter a、b、c: *1 7 -18*	Enter a、b、c: *1 6 9*	Enter a、b、c: *1 3 9*
方程有不等实数根：	方程有相等实数根：	方程无实数根！！！
x1=2.00, x2=-9.00	x1=x2=-3	

题目要求：打开"第 3 题"文件夹中的 error2_03.c 文件，调试运行程序。

【实验总结】

总结实验过程中遇到的问题，列出解决问题的方法，谈谈体会。

2.3　运行到光标位置的调试方法

【实验目的】

1. 帮助学生认识常见的逻辑错误，学习解决办法。
2. 帮助学生进一步认识"调试"工具条、变量窗口和观察窗口。
3. 在简单的单步调试基础上，帮助学生进一步学习调试方法和技巧。

【实验内容】

运行到光标位置的调试方法是调试程序的常用方法，主要查找程序中的逻辑错误。通过在程序中设置一些简单的逻辑错误，让学生学习运行到光标位置的调试方法。

⬦ 按钮：单击按钮，程序运行到光标行（Run to Cursor）语句并暂停。

1.【演示案例】程序功能：计算表达式 1+2+3+…+100 的值。

错误源程序：

```
#include <stdio.h>
int main()
{
    int i,sum;
    for(i=1,i<=100,i++){
        sum=sum+i;
    }
    printf("sum=%d\n",sum);
    return 0;
}
```

正确运行结果：

```
sum=5050
```

题目要求：打开"第 1 题"文件夹中的 error3_01.c 文件，调试运行程序。

程序功能是计算表达式 1+2+3+…+100。运行到光标位置调试方法的具体步骤：

第 1 步：打开源程序文件（文件名为 error3_01.c）。

第 2 步：编译连接。单击 ⬛（Compile）按钮，编译错误 missing ';' before ')'表示 for 语句所在行出错，for 语句规定 3 个表达式之间应使用英文分号隔开，不能使用逗号分隔。修改后编译连接，全部正确。

第 3 步：程序调试。定位光标当前位置在程序第 7 行，如图 2-13 所示，单击 ⑨ 按钮，程序运行到光标当前位置后暂停，如图 2-14 所示。

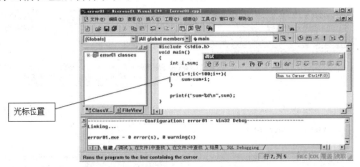

图 2-13　光标在程序中的位置

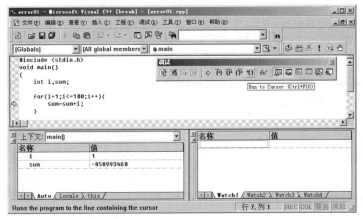

图 2-14　程序运行到光标位置

观察变量：第一次循环，i 值为 1，正确；sum 的值错误，应该对 sum 设初值 0。

改正错误：在 for 语句前增加赋初值语句 sum=0;或在定义变量时将 sum 赋初值 0。

第 4 步：重新编译和连接，重复第 3 步，观察窗口如图 2-15 所示，i 和 sum 取值正确。

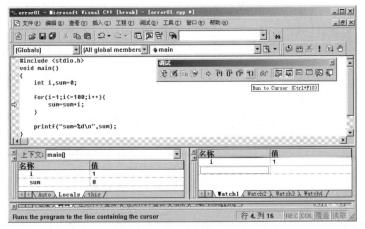

图 2-15　重新编译和连接

第 5 步：定位光标当前位置在程序最后一行}，单击 ⬛ 按钮，程序运行到光标当前位置后暂停，如图 2-16 所示，变量窗口显示 i 值是 101，sum 值是 5050，完全正确。

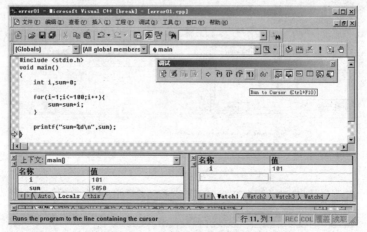

图 2-16　程序运行到光标位置

第 6 步：单击按钮 ⬛（Stop Debugging），结束程序调试。

2.【模仿习题】程序功能：求表达式 $1 \times 2 \times 3 \times 4 \times 5 \times 6$ 的值。

错误源程序：

```c
#include <stdio.h>
int main()
{
    int i,product;

    for(i=1,i<=6,i++){
        product=product*i;
    }

    printf("product=%d\n",product);
    return 0;
}
```

正确运行结果：
```
product=720
```

题目要求：打开"第 2 题"文件夹中的 error3_02.c 文件，调试运行程序。

3.【提高习题】（选做）程序功能：输出一张华氏—摄氏温度转换表，华氏温度的取值范围是[30, 40]，每次增加 2°F。计算公式如下，其中：c 表示摄氏温度，f 表示华氏温度。

$$c = \frac{5 \times (f - 32)}{9}$$

错误源程序：

```c
#include <stdio.h>
int main()
{
```

```
    int fahr,lower,upper;
    double Celsius;

    lower=30;upper=40;
    printf("far Celsius\n");
    for(fahr=lower,fahr<=upper,fahr++);
        celsius=5/9*(fahr-32);
        printf("%3d%6.1f\n",fahr,celsius);
}
```

正确运行结果：

```
fahr   celsius
30    -1.1
32     0.0
34     1.1
36     2.2
38     3.3
40     4.4
```

题目要求：打开"第3题"文件夹中的 error3_03.c 文件，调试运行程序。

【实验总结】

总结实验过程中遇到的问题，列出解决问题的方法，谈谈体会。

2.4 断点调试程序方法

【实验目的】

1. 帮助学生进一步认识"调试"工具条、变量窗口和观察窗口。
2. 帮助学生认识断点，进而学习设置断点、取消断点及断点调试方法。
3. 帮助学生进一步掌握程序逻辑错误的查错、纠错方法。

【实验内容】

断点调试是重要的调试方法。选择分支结构和循环结构的程序，设置一些简单的逻辑错误，在单步调试方法基础上，学习断点调试程序方法。

断点（BreakPoint）使程序执行到断点处暂停，用户通过变量窗口和观察窗口观察当前变量或表达式的值，帮助调试程序。断点操作主要包括断点设置、断点取消、断点调试三种操作。

- 断点设置：将光标定位到要设置断点的位置，单击 ⬚ 按钮（见图 2-7），出现断点图标 ●。
- 断点取消：将光标定位到要取消断点的位置，单击 ⬚ 按钮（见图2-7），断点图标 ● 消失。
- 断点调试：单击 ⬚ 按钮，运行到断点暂停，继续单击 ⬚ 按钮（见图2-7），运行到下个断点暂停。

1.【演示案例】程序功能：输入参数 a、b、c，求一元二次方程 $ax^2+bx+c=0$（$a\neq0$）的根。

错误源程序：

```
#include <stdio.h>
#include <math.h>
int main()
{
    double a,b,c,d,x1,x2;

    printf("Enter a、b、c: ");
    scanf("%f%f%f",&a,&b,&c);
    d=b*b-4*a*c;                    /* 计算一元二次方程的判别式 */

    if(d>0){                        /* 调试时设置断点 */
        x1=(-b+sqrt(d))/(2*a);
        x2=(-b-sqrt(d))/(2*a);
        printf("方程有不等实数根: \nx1=%.2f, x2=%.2f\n",x1,x2);
    }
    else if(d=0){                   /* 调试时设置断点 */
        x1=x2=-b/(2*a);
        printf("方程有相等实数根: \nx1=x2=%.2f\n",x1);
    }
    else{                           /* 调试时设置断点 */
        printf("方程有复数根!!! \n");
        printf("x1=%.2f+%.2fi\n",-b/(2*a),sqrt(-d)/(2*a));
        printf("x2=%.2f-%.2fi\n",-b/(2*a),sqrt(-d)/(2*a));
    }
    return 0;
}
```

正确运行结果：

```
Enter a、b、c: 1 7 -18    Enter a、b、c: 1 6 9     Enter a、b、c: 1 3 9
方程有不等实数根:           方程有相等实数根:          方程有复数根!!!
x1=2.00, x2=-9.00         x1=x2=-3.00             x1=-1.50+2.60i
                                                  x2=-1.50-2.60i
```

题目要求：打开"第 1 题"文件夹中的 error4_01.c 文件，调试程序并纠错。

程序功能是求一元二次方程 $ax^2+bx+c=0$（$a\neq0$）的根，应根据判别式 d，分三种情况求解。断点调试的具体步骤如下：

第 1 步：打开源程序文件（文件名为 error4_01.c），编译和连接，全部正确。

第 2 步：设置断点。设置 3 个断点，断点位置见源程序。

第 3 步：程序调试。第一种情况是 d>0。

单击按钮▣，输入 a、b、c 的值（1　7　-18），程序运行到第 1 个断点，如图 2-17 所示。

观察变量：变量 a、b、c 的输入值与变量窗口显示的 a、b、c 的值不一致。

改正错误：变量 a、b、c 为 double 型，要求 scanf 的格式字符串用"%lf"，将"%f%f%f"改为"%lf%lf%lf"。重新编译和连接，全部正确。

转第 3 步，按第一种情况继续断点调试。观察变量窗口，如图 2-18 所示，变量 a、b、c 的输入值与变量窗口中显示结果一致，且变量 d 的值为 121，方程有两个不等的实数根。

继续单击按钮▣，程序运行到第 2 个断点，如图 2-19 所示，变量窗口显示变量 x1 为 2.0，变量 x2 为-9.0，结果正确。再次单击按钮▣，运行结果正确。单击按钮▣，结束调试。

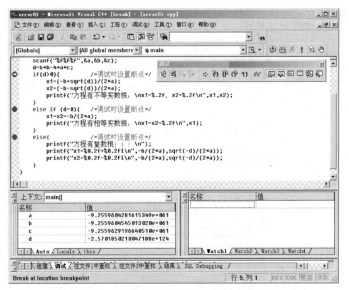

图 2-17　程序运行到第 1 个断点位置

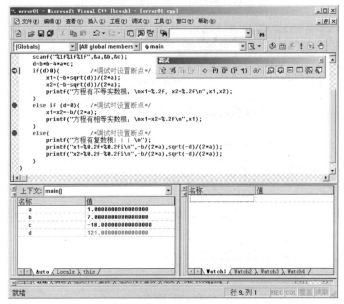

图 2-18　修改变量类型后变量的值

第 4 步：程序调试。第二种情况是 d=0。

单击按钮，输入 a、b、c 的值（输入 1　6　9），程序运行到第 1 个断点，如图 2-20 所示。

观察变量：变量 a、b、c 的输入值与变量窗口显示的 a、b、c 的值一致，且变量 d 的值为 0，说明方程有两个相等的实数根。继续单击按钮，程序跳过第 2 个断点，运行窗口显示 2 个虚数根，与题目不相符。

改正错误：第 2 个断点处 if(d=0)语句的关系表达式 d=0 错误，修改为 d==0，重新编译和连接，再返回第 4 步按第二种情况继续调试，运行结果正确。单击按钮，结束调试。

图 2-19   程序运行到第 2 个断点位置

图 2-20   程序运行到第 1 个断点位置

第 5 步：程序调试。第三种情况是 d<0。

单击按钮![按钮]，输入 a、b、c 的值（输入 1 3 9），程序运行到第 1 个断点，如图 2-21 所示。

观察变量：变量 a、b、c 的输入值与变量窗口显示的 a、b、c 的值一致，且变量 d 的值为-27.0，说明方程有 2 个复数根。

继续单击按钮![按钮]，程序运行结果正确。单击按钮![按钮]，结束调试。至此，调试过程结束。

2.【模仿习题】程序功能：输入一个形如"操作数 运算符 操作数"的表达式，对 2 个整数进行加、减、乘、除运算。

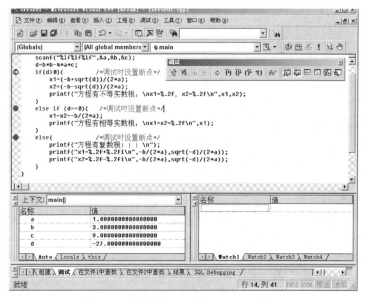

图 2-21 调试第三种情况后的运行结果

错误源程序：

```c
#include <stdio.h>
#include <math.h>
int main()
{
    char sign;
    double a,b,c;

    printf("输入一个计算式(如: 2.5+7.5): ");
    scanf("%f%c%f",&a,&sign,&b);

    if(sign='+'){               /* 调试时设置断点 */
        c=a+b;
        printf("%.2f+%.2f=%.2f\n",a,b,c);
    }
    else if(sign='-'){          /* 调试时设置断点 */
        c=a-b;
        printf("%.2f-%.2f=%.2f\n",a,b,c);
    }
    else if(sign='*'){          /* 调试时设置断点 */
        c=a*b;
        printf("%.2f*%.2f=%.2f\n",a,b,c);
    }
    else if(sign='/'){          /* 调试时设置断点 */
        c=a/b;
        printf("%.2f/%.2f=%.2f\n",a,b,c);
    }
    else{                       /* 调试时设置断点 */
        printf("输入错误!!!\n");
```

```
    }
    return 0;
}
```

正确运行结果：

输入一个计算式(如: 2.5+7.5): 2.5*2
2.50*2.00=5.00

输入一个计算式(如: 2.5+7.5): 2.5+7.5
2.50+7.50=10.00

输入一个计算式(如: 2.5+7.5): 2.5-7.5
2.50-7.50=-5.00

输入一个计算式(如: 2.5+7.5): 5.0/2
5.00/2.00=2.50

输入一个计算式(如: 2.5+7.5): 2.5\4
输入错误!!!

题目要求：打开"第2题"文件夹中的 error4_02.c 文件，调试运行程序。

3.【提高习题】（选做）程序功能：输入正整数 m 和 n，求它们的最小公倍数和最大公约数。

错误源程序：

```c
#include <stdio.h>
int main(void)
{
    int m,n,j,k;                /* j 表示最小公倍数, k 表示最大公约数 */

    do{
        printf("Input m:");
        scanf("%d",&m);
        printf("Input n:");
        scanf("%d",&n);
    }while(m<0||n<0);

    j=m;
    while(j/n!=0)              /* 调试时设置断点 */
        j=j+m;
    k=(m*n)/j;                 /* 调试时设置断点 */

    printf("最小公倍数是%d, 最大公约数是%d\n",j,k);
    return 0;
}
```

正确运行结果：

```
Input m: 6
Input n: 9
最小公倍数是18，最大公约数是3
```

题目要求：打开"第3题"文件夹中的 error4_03.c 文件，调试运行程序。

【实验总结】

总结实验过程中遇到的问题，列出解决问题的方法，谈谈体会。

2.5 进入函数和跳出函数的调试方法

【实验目的】

1. 帮助学生进一步学习断点调试方法。
2. 帮助学生进一步学习进入函数和跳出函数的调试方法。
3. 帮助学生进一步掌握程序逻辑错误的查错、纠错方法。

【实验内容】

进入函数和跳出函数是重要的调试方法。选择多函数结构的程序，在程序中主要设置程序的逻辑错误，在断点调试方法基础上，运用进入函数和跳出函数的调试方法，解决多函数结构的程序调试问题。

该调试方法需要结合断点调试和单步调试，主要包括进入函数、跳出函数两种操作。

- 进入函数：单击 (Step Into) 按钮（见图 2-7），执行断点处函数调用语句，暂停主调函数转入被调函数，继续调试程序。
- 跳出函数：单击 (Step Out) 按钮（见图 2-7），结束被调函数返回主调函数暂停语句，继续调试程序。

1.【演示案例】程序功能：输入正整数 n，计算并输出 n!的值。要求定义 n!的计算函数 fact(n)，供主调函数调用。

错误源程序：

```c
#include<stdio.h>
int main(void)
{
    int n;
    double f;

    printf("Input n:");
    scanf("%d",&n);
    f=fact(n);           /* 调试时设置断点 */

    printf("%d!=%f\n",n,f);
    return 0;           /* 调试时设置断点 */
}
double fact(int m)
{
    int i;
    double product;

    for(i=1;i<=m;i++)
        product=product*i;

    return product;      /* 调试时设置断点 */
}
```

正确运行结果：

```
Input n: 5
5!=120.000000
```

题目要求：打开"第1题"文件夹中的error5_01.c文件，调试运行程序。

断点调试、单步进入函数调试和单步跳出函数调试的具体步骤如下：

第1步：打开源程序文件（文件名为error5_01.c），编译源程序未通过，如图2-22所示。第一条错误信息'fact' : undeclared identifier，双击该行错误信息，箭头指向程序行 f=fact(n);，指出函数 fact() 没有定义。

分析并改错：C语言要求，函数必须先定义（或声明）才能被调用。在变量定义语句 double f;的下一行增加 double fact(int m);函数声明语句。重新编译和连接，全部正确。

图 2-22　编译错误窗口

第2步：运行程序，但程序的运行结果错误（逻辑错误）。

第3步：程序调试。设置3个断点，具体位置见源程序中的注释。单击圊按钮，输入n的值（输入5），程序运行到第1个断点（f=fact(n);语句）暂停，如图2-23所示，变量n的输入值与变量窗口显示的n值一致。

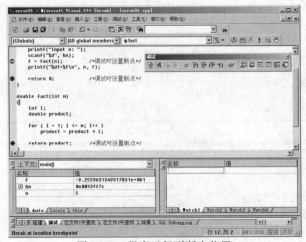

图 2-23　程序运行到断点位置

第 4 步：调试 fact() 函数。单击 按钮，流程进入 fact 函数，黄色执行箭头出现在函数 fact 函数入口处，如图 2-24 所示。变量窗口显示变量 m 的值为 5，参数传递正确。

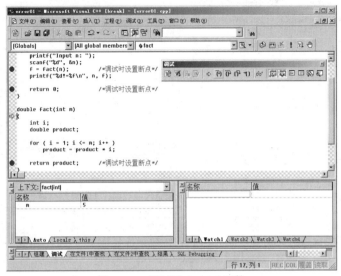

图 2-24 调试进入 fact() 函数

第 5 步：单击 按钮，程序运行到 fact() 函数的第 1 个断点暂停，如图 2-25 所示，变量窗口显示变量 product 的值是−1.1107155761918139e+064，结果错误。

分析并改错：变量 product 值表明未初始化，阶乘变量的初值应该是 1。将 fact() 函数内的定义语句 double product;改为 double product=1;，对变量 product 赋初值 1。重新编译和连接，全部正确。

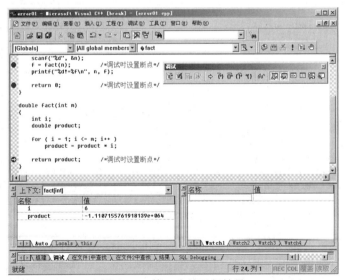

图 2-25 第 5 步的运行结果

第 6 步：重复第 3 步～第 5 步，程序运行到 fact() 函数第 1 个断点暂停，如图 2-26 所示，变量窗口显示变量 product 的值是 120.00000000000000，完全正确。

图 2-26　第 6 步的运行结果

第 7 步：单步调试跳出函数。单击 按钮，跳出 fact()函数返回主调函数，如图 2-27 所示。变量窗口返回值 120.00000000000000 表明函数调用正确。

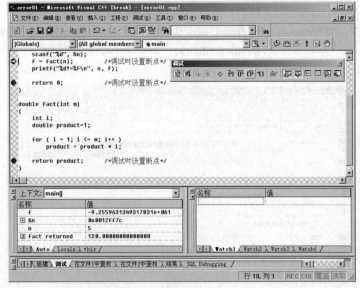

图 2-27　程序返回主调函数

第 8 步：继续单击 按钮，运行到 main()函数最后断点，运行窗口输出 5!=120.000000。

第 9 步：运行结果正确，单击按钮 ，结束调试。至此，调试过程结束。

2.【模仿习题】程序功能：输入正整数 n，计算并输出 $1+2+\cdots+n$ 的值。要求定义计算 $1+2+\cdots+n$ 的函数 sum(n)，供主调函数调用。

错误源程序：

```
#include <stdio.h>
```

```
int main(void)
{
    int n;
    double s;

    printf("Input n:");
    scanf("%d",&n);
    s=sum(n);            /* 调试时设置断点 */

    printf("1+2+...+%d=%f\n",n,s);
    return 0;            /* 调试时设置断点 */
}
double sum(int m)
{
    int i;
    double s;

    for(i=1;i<=m;i++)
        s=s+i;

    return s;            /* 调试时设置断点 */
}
```

正确运行结果:

```
Input n: 100
1+2+...+100=5050.000000
```

题目要求:打开"第 2 题"文件夹中的 error5_02.c 文件,调试运行程序。

3.【提高习题】(选做)程序功能:计算 1!+2!+…+10!的值。要求:定义函数 fact(n)计算 *n*!,供主调函数调用。

错误源程序:

```
#include <stdio.h>
int main(void)
{
    int i;
    double sum;

    for(i=1;i<10;i++)
        sum=sum+fact(i);            /*调试时设置断点*/

    printf("1!+2!+...+10!=%f\n",sum);
    return 0;                       /*调试时设置断点*/
}
double fact(int m)
{
    int i;
    double result;

    for(i=1;i<=m;i++)
```

```
        fact(n)=fact(n)*i;

    return result;                    /*调试时设置断点*/
}
```

正确运行结果：
```
1!+2!+...+10!=409113.000000
```

题目要求：打开"第3题"文件夹中的 error5_03.c 文件，调试运行程序。

【实验总结】

总结实验过程中遇到的问题，列出解决问题的方法，谈谈体会。

2.6 程序调试方法的综合演示（一）

——控制结构综合程序调试

【实验目的】

1. 学习各种调试方法的综合运用。
2. 掌握较复杂程序的查错、纠错方法，特别是程序逻辑错误的调试。

【实验内容】

实验内容选择较复杂的多函数结构的综合程序，在程序中主要设置逻辑错误，综合运用单步、断点、跳入函数和跳出函数等调试方法，解决较复杂程序的调试问题，掌握各种调试方法的综合运用。

1.【演示案例】程序功能：根据公式求 π 的近似值，直到某项小于 10^{-6}。要求定义阶乘函数 fact（n）和多项式乘积函数 multi（n）分钟计算每项的分子与分母，供主调函数调用。

$$\frac{\pi}{2}=1+\frac{1!}{3}+\frac{2!}{3\times5}+\frac{3!}{3\times5\times7}+\frac{4!}{3\times5\times7\times9}+\cdots+\frac{n!}{3\times5\times(2n+1)}+\cdots$$

错误源程序：
```
#include <stdio.h>
int fact(int n);
int multi(int n);
int main()
{
    int i;
    double sum,item,eps;

    eps=1e-6;sum=1;item=1;
    for(i=1;item>=eps;i++){
        item=fact(i)/multi(2*i+1);
        sum=sum+item;
    }                              /* 调试时设置断点 */

    printf("PI=%0.5lf\n",sum*2);
    return 0;
```

```
}
int fact(int n)
{
    int i,res=1;

    for(i=0;i<=n;i++)res=res*i;

    return res;                   /* 调试时设置断点 */
}
int multi(int n)
{
    int i,res=1;

    for(i=3;i<=n;i=i+2)res=res*i;

    return res;                   /* 调试时设置断点 */
}
```

正确运行结果:

```
PI=3.14159
```

题目要求:打开"第1题"文件夹中的 error6_01.c 文件,调试运行程序。

注意:综合调试方法的具体步骤。

第1步:打开源程序文件(文件名为 error6_01.c),对程序进行编译和连接,没有出现错误信息。

第2步:单击 ! 按钮,程序运行结果为 PI=2.00000,结果错误。

第3步:调试程序。设置3个断点,断点位置见源程序注释。单击 按钮,程序运行到 fact()函数断点,如图2-28所示,变量窗口显示 i 是1(正确)、res 是0(出错,应该是1)。

分析并纠错:循环变量 i 的初值为0,将其改为1。重新编译和连接,全部正确。

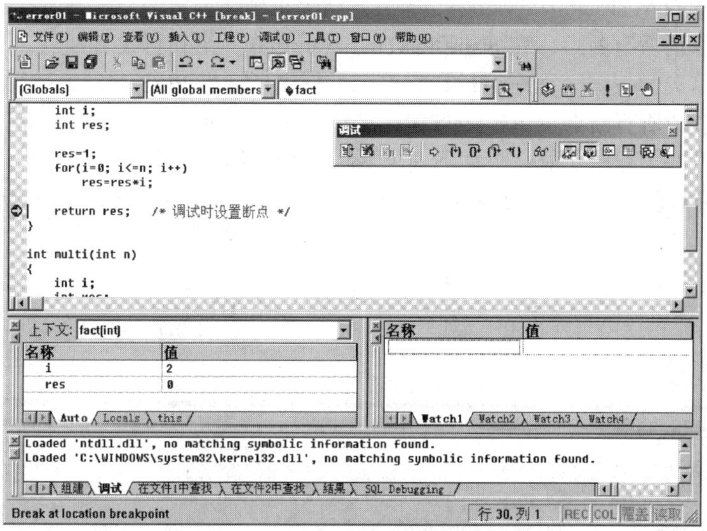

图 2-28 程序运行到 fact()函数断点

单击 按钮,程序运行到 fact()函数断点,变量窗口显示 res 值为1,正确。

单击🔘按钮，程序运行到 multi()函数断点，变量窗口显示 res 值为 3，正确。

单击🔘按钮，程序运行到 main()函数断点，如图 2-29 所示，变量窗口显示 item 为 0，sum 为 1，而 item 的值应该是 1!/3，sum 的值应该是 1+1!/3。运行结果错误。

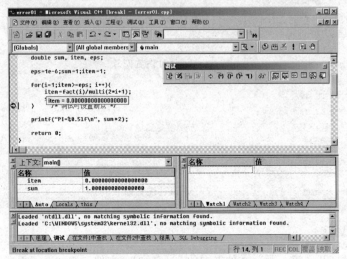

图 2-29　程序运行到主函数断点

分析并纠错：由于 fact()函数和 multi()函数的返回值均是 int 型，导致主函数中的语句 "item=fact(i)/multi(2*i+1);" 做 "整数除法" 运算，其结果是 int 的 0，造成数据丢失。将语句 "item=fact(i)/multi(2*i+1);" 改为 "item=1.0*fact(i)/multi(2*i+1);"。重新编译和连接，全部正确。

单击🔘按钮，重新开始调试。单击🔘按钮 3 次，程序运行到 main()函数断点，变量窗口显示 item 为 0.333333333，sum 为 1.333333333，这就是 1+1!/3 的值。结果正确。

再次单击🔘按钮 3 次，程序运行到 main()函数断点，变量窗口显示 item 为 0.1333333333，sum 为 1.4666666666，即 1+1!/3+2!/(3*5)的值。结果正确。

第 4 步：取消所有断点，在 main()函数的 "return 0;" 语句行设置断点。

第 5 步：单击🔘按钮，程序运行到断点，运行窗口输出 PI=3.14159，结果正确。

第 6 步：取消所有断点，单击🔘按钮，结束调试。至此，调试过程结束。

2.【模仿习题】程序功能：根据下式求 $\cos x$ 的近似值，x 的取值范围为[$-\pi$，π]，精确到最后一项的绝对值小于 10^{-6}。要求定义 fact（n）函数求 n!和 pow（x，n）函数求 x^n，供主调函数调用。

$$\cos x = \frac{x^0}{0!} - \frac{x^2}{2!} + \frac{x^4}{4!} - \frac{x^6}{6!} + \cdots + (-1)^n \frac{x^{2n}}{(2n)!} + \cdots$$

错误源程序：

```c
#include <stdio.h>
#include <math.h>
double fact(int n);
double pow(double x,int n);

int main(void)
{
    int i,flag;
```

```
    double x,sum,item,eps;

    eps=1e-6;sum=1;item=1;
    printf("Enter x ([-3.14,3.14]): ");
    scanf("%lf",&x);
    for(i=1;fabs(item)>=eps;i++)
    {
        item=flag*pow(x,2*i)/fact(2*i);
        sum=sum+item;flag=-flag;
    }                           /* 调试时设置断点 */

    printf("cos(%0.5lf)=%0.5lf\n",x,sum);
    return 0;
}
double fact(int n)
{
    int i;
    double res;

    res=0;
    for(i=1;i<=n;i++)
        res=res*i;

    return res;                 /* 调试时设置断点 */
}
double pow(double x,int n)
{
    int i;
    double res;

    res=0;
    for(i=1;i<=n;i++)res=res*x;

    return res;                 /* 调试时设置断点 */
}
```

正确运行结果：

```
Enter x([-3.14.3.14]): 1.57
cos(1.57000)=0.00080
```

题目要求：打开"第 2 题"文件夹中的 error6_02.c 文件，调试运行程序。

3.【提高习题】(选做) 程序功能：输入整数 m，输出其逆序数。要求定义 fun(n)函数，求 n 的逆序数，供主函数调用。例如，fun(123)的返回值是 321。

错误源程序：

```
#include <stdio.h>
int main(void)
{
    int m;

    printf("请输入一个整数: ");
```

```
    scanf("%d",&m);
    printf("%d 的逆序数是%d\t\n",m,fun(m));

    return 0;                      /* 设置断点 */
}
int fun(int n)
{
    int m,y;

    y=0;
    if(n<0)m=n;
    else m=-n;
    while(m==0){                   /* 设置断点 */
        y=y*10+m/10;
        m=m%10;
    }                              /* 设置断点 */

    if(n>=0)return y;              /* 设置断点 */
    else    return -y;
}
```

正确运行结果：

请输入一个整数：*123*
123 的逆序数是 321

题目要求：打开"第 3 题"文件夹中的 error6_03.c 文件，调试运行程序。

【实验总结】

总结实验过程中遇到的问题，列出解决问题的方法，谈谈体会。

2.7　程序调试方法的综合演示（二）

——数组综合程序调试

【实验目的】

1. 学习各种调试方法的综合运用。
2. 掌握较复杂程序的查错、纠错方法，特别是程序逻辑错误的调试。

【实验内容】

实验内容选择结合数组与多函数结构的较复杂程序，在程序中主要设置逻辑错误，综合运用单步、断点、跳入函数和跳出函数等调试方法，解决较复杂程序的调试问题，掌握各种调试方法的综合运用。

1. 【演示案例】程序功能：输入正整数 n（$0<n<10$）和 n 个整数，用选择法对数组排序（按从小到大的顺序）并输出排序结果。要求定义排序函数 sort(int a[], int n)，供主调函数调用。

错误源程序：

```c
#include <stdio.h>
int main()
{
    int i,n,a[n];

    printf("Enter n(0<n<10): ");
    scanf("%d",&n);
    printf("Enter %d integers: ", n);
    for(i=0;i<n;i++)
        scanf("%d",&a[i]);

    sort(a,n);                       /* 调试时设置断点 */

    printf("After sorted: ");
    for(i=0;i<n;i++)
        printf("%d ",a[i]);
    printf("\n");                    /* 调试时设置断点 */
    return 0;
}
void sort(int a[],int n)             /* 选择法排序 */
{
    int i,k,index,temp;

    for(k=0;k<n-1;k++){
        index=k;
        for(i=k+1;i<n;i++)
            if(a[i]>a[index])index=k;
        temp=a[index];
        a[k]=temp;
        a[index]=a[k];
    }                                /* 调试时设置断点 */
}
```

正确运行结果：

```
Enter n(0<n<10): 5
Enter 5 integers: 50 30 20 10 40
After sorted: 10 20 30 40 50
```

题目要求：打开"第 1 题"文件夹中的 error7_01.c 文件，调试运行程序。

综合调试方法的具体步骤：

第 1 步：打开源程序文件（文件名：error7_01.c）。

编译源程序，错误窗口第一条错误信息：expected constant expression，双击该错误信息行，箭头指向 int i,n,a[n];语句行，指出数组长度必须是常量。

分析并纠错：数组长度必须是常量，不能是变量或表达式。将定义语句 a[n]改为 a[10]。

第 2 步：重新编译，错误窗口第一条错误信息：'sort' : undeclared identifier，双击该错误信息行，箭头指向 sort(a,n);程序行，指出 sort()函数没有定义。

分析并纠错：函数必须先定义（或声明），才能被调用。在语句 int i,n,a[10];行下方增加 void sort(int a[],int n);函数声明语句。重新编译和连接，全部正确。

第 3 步：运行程序。单击 ! 按钮，运行结果如下，排序结果错误。

```
Enter n(0<n<10): 5
```

```
Enter 5 integers: 50 30 20 10 40
After sorted: 50 30 20 10 40
```

第4步：调试程序。设置3个断点，断点位置见源程序注释。单击圖按钮，依次输入5和50 30 20 10 40，程序运行到 sort()函数调用断点，如图2-30所示，检查变量窗口数组 a 的各元素值，全部正确。

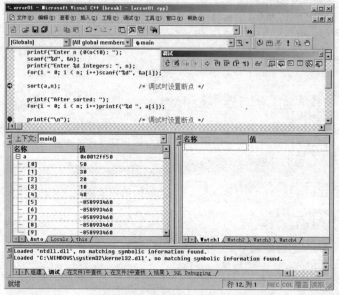

图 2-30   sort()函数调用断点

单击圖按钮，程序运行到 sort()函数第 1 个断点，如图 2-31 所示，变量窗口显示 sort()函数第 1 趟排序找到的最小值元素下标 index 为 0，即 a[0]为最小值，显然错误。

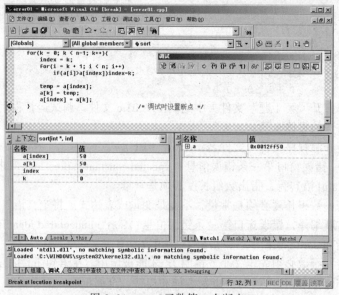

图 2-31   sort()函数第 1 个断点

分析并纠错：内循环找最小值的下标位置，分析 if(a[i]>a[index])index=k;语句，存在两处错误：第一，if 后的关系表达式 a[i]>a[index]应改成 a[i]<a[index]；第二，index 变量标记较小数位置 i，应改成 index=i;。重新编译和连接，全部正确。

第 5 步：重复第 4 步，程序运行到 sort()函数第 1 个断点，如图 2-32 所示，变量窗口显示 sort()函数第 1 趟排序找到的最小值元素下标 index 为 3，正确。但交换 a[index]和 a[k]后出错（两者均为 10）。

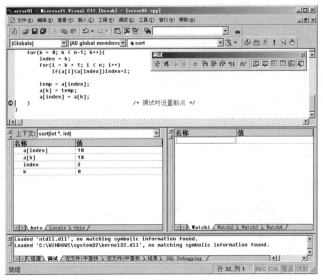

图 2-32　修改 for 语句后各变量的值

分析并纠错：交换语句顺序错误，应改成"temp=a[index];a[index]=a[k];a[k]=temp;"，重新编译和连接，全部正确。

第 6 步：重复第 4 步，程序运行到 sort()函数第 1 个断点，如图 2-33 所示，变量窗口显示 sort()函数第 1 趟排序正确，交换 a[k]与 a[index]也正确。

图 2-33　修改交换语句后各变量的值

再连续单击按钮 🔲（Go）4 次，每次观察结果，全部正确。返回主函数第 2 个断点，运行窗口输出如下结果，完全正确。

```
Enter n(0<n<10): 5
Enter 5 integers: 50 30 20 10 40
After sorted: 10 20 30 40 50
```

第 7 步：取消所有断点，单击 🔲 按钮，结束调试。至此，调试过程结束。

2.【模仿习题】程序功能：输入正整数 n（0<n<10）和 n 个整数，再输入一个待查找的整数 x，在数组中查找 x，若找到，则输出 x 在数组中的位置，否则输出未找到信息。

错误源程序：

```c
#include <stdio.h>
#include <stdio.h>
int main()
{
    int i,x,n,a[n];

    printf("输入数组元素的个数n(0<n<10)：");
    scanf("%d",&n);
    printf("输入数组%d个元素：",n);
    for(i=0;i<n;i++)
        scanf("%d",&a[i]);
    printf("输入待查找的数x：");
    scanf("%d",&x);

    i=find(a,n,x);                    /* 调试时设置断点 */

    if(i!=n)printf("没有找到与%d相同的元素!",x);
    else printf("和%d相同的数组元素是a[%d]=%d",x,i,a[i]);
    printf("\n");                     /* 调试时设置断点 */
    return 0;
}
int find(int a[],int n,int x)         /* 查找函数 */
{
    int i;

    for(i=0;i<n;i++)
        if(a[i]=x)break;

    return i;                         /* 调试时设置断点 */
}
```

正确运行结果：

```
输入数组元素的个数n (0<n<10)：5
输入数组5个元素：10 20 30 40 50
输入待查找的数x：30
和30相同的数组元素是a[2]=30
```

输入数组元素的个数 n (0<n<10)： 5
输入数组 5 个元素： *10 20 30 40 50*
输入待查找的数 x: *100*
没有找到与 100 相同的元素！

题目要求：打开"第 2 题"文件夹中的 error7_02.c 文件，调试运行程序。

3. 【提高习题】（选做）程序功能：输入 2 个正整数 m 和 n（m、n 的取值范围[1,6]），然后输入 $m \times n$ 个整数到二维数组 a，分行求出数组 a 的各行元素和并输出。

错误源程序：

```c
#include <stdio.h>
int main()
{
    int i,j,m,n,a[m][n],b[m];

    printf("输入二维数组的行数m和列数n(0<m,n<7)： ");
    scanf("%d%d",&m,&n);
    printf("输入%d行%d列共%d个数组元素:\n", m,n,m*n);
    for(i=0;i<m;i++)
        for(j=0;j<n;j++)
            scanf("%d",&a[i][j]);

    sum(a,b,m,n);                       /* 调试时设置断点 */

    for(i=0;i<m;i++)
        printf("a 数组第%d 行组元素和=%d\n",i,b[i]);
    printf("\n");                       /* 调试时设置断点 */
    return 0;
}
int sum(int a[][6],int b[],int m,int n)     /* 求和函数 */
{
    int i,j;

    for(i=0;i<m;i++)
    {
        for(j=0;j<n;j++)
            b[i]=b[i]+a[i][j];
    }

    return 0;                           /* 调试时设置断点 */
}
```

正确运行结果：

输入二维数组的行数 m 和列数 n (0<m,n<7)： *3 3*
输入 3 行 3 列共 9 个数组元素：
1 1 1
2 2 2
3 3 3
a 数组第 0 行组元素和=3
a 数组第 1 行组元素和=6
a 数组第 2 行组元素和=9

题目要求：打开"第 3 题"文件夹中的 error7_03.c 文件，调试运行程序。

【实验总结】

总结实验过程中遇到的问题，列出解决问题的方法，谈谈体会。

2.8　程序调试方法的综合演示（三）

——指针综合程序调试

【实验目的】

1. 学习各种调试方法的综合运用。
2. 掌握较复杂程序的查错、纠错方法，特别是程序逻辑错误的调试。

【实验内容】

实验内容选择结合指针、数组与多函数结构的较复杂程序，在程序中主要设置逻辑错误，综合运用单步调试、断点调试、单步调试进入函数和跳出函数等方法，解决较复杂程序的调试问题，掌握各种调试方法的综合运用。

1.【演示案例】程序功能：有 n 个整数，使各数顺序循环前移 m 个位置（$m<n<10$）。定义移动函数 move(int *x, int n,int m)和输出函数 print(int *x,int n)。函数 move()的功能是使 n 个整数循环前移 m 个位置（$m<n$）。函数 print()的功能是输出 n 个整数前移 1 个位置后的结果。

错误源程序：

```c
#include <stdio.h>
int main()
{
    int m,n,i,a[10],*p;

    printf("输入 n 和 m: ");
    scanf("%d%d",&n,&m);
    printf("输入%d 个整数: ",n);
    for(p=a,i=0;i<n;i++)
        scanf("%d",&p++);

    mov(a,n,m);                    /* 调试时设置断点 */

    return 0;
}
void move(int *x, int n, int m)
{
    int i,j;

    for(i=0;i<m;i++){
        for(j=0;j<n-1;j++)
            x[j]=x[j+1];
        x[n-1]=x[0];
        print(x,n);                /* 调试时设置断点 */
    }
}
void print(int *x, int n)          /* 输出前移 1 次后的结果 */
```

```
{
    int i;

    for(i=0;i<n;i++)
        printf("%5d",*x++);
    printf("\n");                 /* 调试时设置断点 */
}
```

正确运行结果：

```
输入 n 和 m: 6  2
输入 6 个整数: 1  2  3  4  5  6
  2  3  4  5  6  1
  3  4  5  6  1  2
```

题目要求：打开"第 1 题"文件夹中的 error8_01.c 文件，调试运行程序。

注意：综合调试方法的具体步骤。

第 1 步：打开源程序文件（文件名为 error8_01.c）。

编译源程序，错误窗口第一条错误信息：'&' requires l-value，双击该行错误信息，箭头指向 scanf("%d",&p++);语句，错误信息指出"地址符&必须针对 1 个值变量"。

分析并纠错：变量 p 是指针变量，语句 scanf("%d",&p++);中&p++代表二维地址，与 scanf()函数参数要求（一维地址）不符，应改为 scanf("%d",p++);。

重新编译，错误窗口第一条错误信息：'move' : undeclared identifier，双击该行错误信息，箭头指向 move(a,n,m);语句，指出 move()函数没有定义。

分析并纠错：函数必须先定义（或声明），才能被调用。在#include <stdio.h>命令行下方增加 void move(int *x, int n, int m);函数声明语句。

重新编译，错误窗口第一条错误信息：'print' : undeclared identifier，双击该行错误信息，箭头指向 print(x,n);语句，指出 print()函数没有定义。

分析并纠错：同上，在#include <stdio.h>命令行下方增加 void print(int *x, int n);函数声明语句。

重新编译和连接，全部正确。

第 2 步：运行程序。单击 ! 按钮，运行结果如下，移动后的结果错误。

```
输入 n 和 m: 6  2
输入 6 个整数: 1  2  3  4  5  6
  2  3  4  5  6  2
  3  4  5  6  2  3
```

第 3 步：调试程序。设置 3 个断点，具体位置见源程序中的注释。单击 按钮，依次输入 6 2 和 1 2 3 4 5 6，程序运行到主函数第 1 个断点（move()函数调用)，如图 2-34 所示，检查变量窗口显示数组 a 的值，全部正确。

单击 按钮，程序运行到 move()函数第 1 个断点，如图 2-35 所示，变量窗口显示 x[0]与 x[n-1]的值都是 2，显然错误。进一步检查观察窗口 x[0]到 x[5]的值，发现只有 x[0]原来的值未移入 x[5]，丢失原来的值。

分析并纠错：move()函数中的前移语句 x[j]=x[j+1];会丢失 x[0]原来的值，应增加保存语句。具体做法：定义临时变量 temp，内循环前增加语句"temp=x[0];"保存 x[0]，将语句"x[n-1]=x[0];"改为"x[n-1]=temp;"。

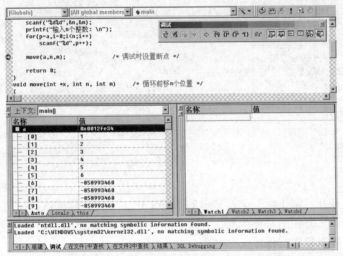

图 2-34　程序运行到主函数的第 1 个断点

图 2-35　程序运行到 move() 函数的第 1 个断点

正确修改后重新编译和连接，全部正确。

第 4 步：重复第 3 步，调试程序。在 move() 函数断点处，检查变量窗口和观察窗口显示的结果，正确无误；在 print() 函数断点处，检查运行窗口中显示的两次移动结果，如图 2-36 和图 2-37 所示，完全正确。

```
输入 n 和 m: 6 2
输入 6 个整数: 1 2 3 4 5 6
      2 3 4 5 6 1
```

图 2-36　前移 1 次后的运行结果

```
输入 n 和 m: 6 2
输入 6 个整数: 1 2 3 4 5 6
      2 3 4 5 6 1
      3 4 5 6 1 2
```

图 2-37　前移 2 次后的运行结果

第 5 步：取消所有断点，单击■按钮，结束调试。至此，调试过程结束。

2.【模仿习题】程序功能：有 n 个整数，使各数顺序循环后移 m 个位置（ m<n<10 ）。要求定义移动函数 move(int *x, int n,int m) 和输出函数 print(int *x,int n)。函数 move() 实现 n 个整

数循环后移 m 个位置（$m<n$）。函数 print()实现输出 n 个整数后移 1 个位置后的结果。

错误源程序：

```c
#include <stdio.h>
int main()
{
    int m,n,i,a[n],*p;

    printf("输入 n 和 m: ");
    scanf("%d%d",&n,&m);
    printf("输入%d 个整数: ",n);
    for(p=a,i=0;i<n;i++)
        scanf("%d",&p++);

    mov(a,n,m);                    /* 调试时设置断点 */

    return 0;
}
void move(int *x,int n,int m)
{
    int i,j;

    for(i=0;i<m;i++){
        for(j=0;j<n-1;j++)
            x[j+1]=x[j];
        x[0]=x[n-1];
        print(x,n);                /* 调试时设置断点 */
    }
}
void print(int *x,int n)           /* 输出后移 1 次后的结果 */
{
    int i;

    for(i=0;i<n;i++)
        printf("%5d",*x++);

    printf("\n");                  /* 调试时设置断点 */
}
```

正确运行结果：

```
输入 n 和 m: 6  2
输入 6 个整数: 1  2  3  4  5  6
             6  1  2  3  4  5
             5  6  1  2  3  4
```

题目要求：打开"第 2 题"文件夹中的 error8_02.c 文件，调试运行程序。

3.【提高习题】（选做）程序功能：有 n（小于 10 个）个互不相同的整数，删除其中指定的整数。要求定义查找函数 find(int *x, int n, int a)、删除函数 delete(int *x, int n, int m)和输出函数 print(int *x, int n)。函数 find()查找指定整数的位置。函数 delete()删除指定位置的整数。函数 print()输出删除后的结果。

错误源程序：

```
#include <stdio.h>
int main()
{
    int i,x,n,a[n],*p;

    printf("输入数组元素的个数 n (0<n<10): ");
    scanf("%d",&n);
    printf("输入数组%d 个元素: ",n);
    for(p=a,i=0;i<n;i++)
        scanf("%d",&p++);
    printf("输入待删除的数 x: ");
    scanf("%d",&x);

    i=find(a,n,x);                          /* 调试时设置断点 */

    if(i==n)printf("没有找到需要删除的整数!");
    else{
        printf("找到删除整数%d, 删除结果为: \n",x);
        n=del(a,n,i);                       /* 调试时设置断点 */
        print(a,n);
    }
    printf("\n");
}
int find(int *x,int n,int a)        /* 查找函数 */
{
    int i;

    for(i=0;i<n;i++)if(*x++!=a)break;

    return i;                       /* 调试时设置断点 */
}
int del(int *x,int n,int m)         /* 删除函数 */
{
    int i;

    for(i=m;i<n;i++)x[i]=x[i+1];

    return n-1;                     /* 调试时设置断点 */
}
void print(int *x,int n)            /* 输出函数 */
{
    int i;

    for(i=0;i<n;i++)printf("%5d",*x++);

    printf("\n");
}
```

正确运行结果：

输入数组元素的个数 n （0<n<10）：*6*

输入数组%d 个元素：*1 2 3 4 5 6*

输入待删除的数 x：*4*

找到删除整数 4，删除结果为：

1　　2　　3　　5　　6

输入数组元素的个数 n （0<n<10）：*6*

输入数组%d 个元素：*1 2 3 4 5 6*

输入待删除的数 x：*8*

没有找到需要删除的整数！

题目要求：打开"第 3 题"文件夹中的 error8_03.c 文件，调试运行程序。

【实验总结】

总结实验过程中遇到的问题，列出解决问题的方法，谈谈体会。

第三部分

自 主 实 验

自主实验部分主要是根据知识点设置一系列验证性实验项目，紧扣课堂教学内容，偏重基本知识和能力，以掌握和巩固课堂教学内容为目的。本部分共设计了 12 个自主实验，包括熟悉 C 语言编程环境、C 语言简单程序设计、分支结构程序设计、循环结构程序设计、函数程序设计、数组程序设计、指针程序设计、结构体程序设计、链表程序设计、共用体和枚举程序设计、文件程序设计。学生通过上机实验系统在规定期限自主独立完成，提交实验系统自动批改，并可反复练习，直至掌握为止。实验内容应充分体现"阶梯递进"模式思想，包括两个级别（示例编程、独立编程），充分体现"教与学"一体化的教学思想，便于学生自主学习和分层教学。

3.1 熟悉 C 语言编程环境

【实验目的】

1. 了解相关概念：源程序、目标程序、可执行程序、编辑、编译、连接、调试运行等。
2. 熟悉 Visual C++ 6.0 编程环境，掌握运行 C 程序的基本步骤。
3. 能独立编写简单 C 程序并调试运行。

【实验内容】

【阅读材料】认真阅读关于 "C 语言程序的上机步骤" 材料，了解相关概念与方法步骤。

1.【程序示例】在屏幕上显示网格，如图 3-1 所示。

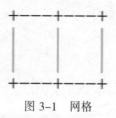

图 3-1 网格

源程序：
```
#include <stdio.h>              /* 编译预处理命令 */
int main()
{
    printf("+---+---+\n");    /* 输出图形第一行，"\n"是换行符 */
```

```
    printf("|    |    |\n");
    /*************************************************/

    /*************************************************/
    return 0;
}
```

题目要求：

（1）阅读所给源程序，在"第1题"文件夹中新建一个名为 pro1_1.c 的文件，输入源程序并保存。步骤如下（注意方法与步骤的学习）：

【提示】根据输出图形的特点（4 行符号组成），可以调用 4 次 printf()函数，每次输出图形的一行符号并换行，其中\n 表示换行符。

第 1 步：在"计算机"选择磁盘驱动器（例如 D 盘），新建"第 1 题"文件夹。

第 2 步：启动 VC++。选择"开始"→"所有程序"→Microsoft Visual C++ 6.0→Microsoft Visual C++ 6.0 命令，启动 VC++ 6.0 集成环境。

第 3 步：创建源程序文件 pro1_1.c。选择"文件"→"新建"命令，弹出图 3-2 所示的"新建"对话框，在"文件名[N]"文本框输入源程序文件名，通过"位置[C]"文本框后的 ... 按钮选择源程序文件保存位置（见图 3-2），最后单击"确定"按钮，创建源程序窗口（注意：空白窗口）。

- 文件名：源程序文件名。注意：C 源程序文件扩展名为.c，例如 pro1_1.c。
- 位置：源程序存放的文件夹，例如，"D:\第 1 题"。

图 3-2　"新建"对话框

第 4 步：输入源程序。图 3-3 所示的源程序窗口，两星线之间还缺少图形第 3、4 两行的输出语句，输入下面两行语句，并保存。

```
printf("|    |    |\n");    /* 输出图形第 3 行，"\n"是换行符 */
printf("+---+---+\n");      /* 输出图形第 4 行，"\n"是换行符 */
```

（2）调试、运行程序（注意方法与步骤的学习）。

建议：使用"编译微型条"工具条调试运行程序。步骤如下：

第 1 步：编译。单击按钮 （Compile），若首次编译，则弹出图 3-4 所示的对话框，单击"是"按钮，先创建工作区再编译；否则直接编译。编译结果要么成功，要么失败。

图 3-3　源程序窗口

图 3-4　提示对话框

- 成功：弹出图 3-5 所示编译信息窗口，显示 pro1_1.obj – 0 error(s), 0 warning(s)的编译信息。表示编译成功，生成目标程序（pro1_1.obj），便可进入第 2 步。
- 失败：弹出编译失败窗口，显示编译错误信息，包括出错位置（行号）、出错提示信息。注意，双击提示信息，光标定位在源程序窗口的出错程序行，用户检查并修改错误，再重复第 1 步，直到编译成功。

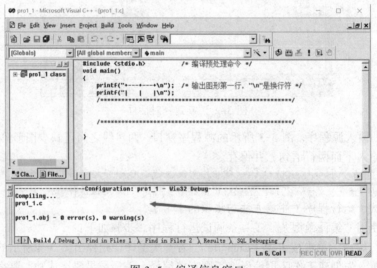

图 3-5　编译信息窗口

注意：编译成功，用户可以检查目标程序位置。在"D:\第 1 题\debug"文件夹，可以看到经过编译后生成的二进制目标文件，如图 3-6 所示。

第 2 步：连接。单击按钮▦（Build）。连接结果要么
成功，要么失败。

- 成功：弹出图 3-7 所示连接信息窗口，显示
  pro1_1.exe - 0 error(s), 0 warning(s)的连接信息。表
  示连接成功，并生成可执行程序（pro1_1.exe）。便
  可进入第 3 步。

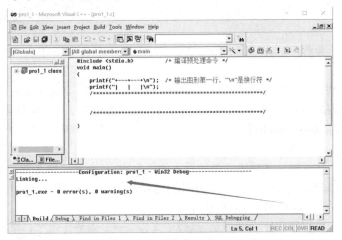

图 3-6　编译生成的.obj 文件

- 失败：连接窗口显示连接错误信息。用户须转到编辑窗口检查并修改错误，再重复第
  1 步和第 2 步，直到连接成功。

图 3-7　连接信息窗口

注意：连接成功，用户可以检查可执行程序位置。在"D:\第 1 题\debug"文件夹，可以
看到经过连接后生成的二进制可执行程序文件，如图 3-8 所示。

第 3 步：执行程序。单击按钮▮，执行程序，弹出运行窗口，显示运行结果。

2.【独立编程】在屏幕上显示网格，如图 3-9 所示。

```
       *
     * * *
   * * * * *
     * * *
       *
```

图 3-8　连接生成的可执行程序　　　图 3-9　运行结果图案

题目要求：

（1）改写第 1 题程序，输出上图图形，以 pro1_2.c 为文件名保存在"第 2 题"文件夹。

【提示】本题要打印的图形发生了变化，但操作过程和步骤与实例程序一致。

（2）调试、运行程序。

3.【程序示例】求 1~100 间所有偶数之和。程序运行结果如下。

```
sum=2550
```

源程序：

```
#include <stdio.h>                    /* 编译预处理命令 */
int main()
{
    int i,sum=0;                      /* i：循环变量，sum：和变量，初值为 0 */

    for(i=1;i<=100;i++)
        if(i%2==0)_____;           /* 如果 i 是偶数则累加 i */

    printf("sum=%d\n",sum);           /* 输出累加和 sum */
    return 0;
}
```

题目要求：

（1）阅读所给源程序，在"第 3 题"文件夹中新建一个名为 pro1_3.c 的文件，输入源程序并保存。

【提示】本题求 1～100 间所有偶数和，使用 for 循环语句，定义两个关键变量 i（循环变量）和 sum（和变量，初值为 0）。让循环变量 i 从 1 变化到 100，每次循环累加满足条件（偶数）的整数 i。最后输出 sum 的值。

步骤如下：

第 1 步：在"计算机"选择磁盘驱动器（例如 D 盘），新建"第 3 题"文件夹。

第 2 步：启动 VC++。选择"开始"→"所有程序"→Microsoft Visual C++ 6.0→Microsoft Visual C++ 6.0 命令，启动 VC++ 6.0 集成环境。

第 3 步：创建源程序文件 pro1_3.c。选择"文件"→"新建"命令，弹出图 3-10 所示的"新建"对话框，在"文件名[N]"文本框输入源程序文件名，通过"位置[C]"文本框后的 ... 按钮选择源程序文件保存位置，最后单击"确定"按钮，创建源程序窗口（注意：空白窗口）。

- 文件名：源程序文件名。注意，C 源程序文件扩展名为.c，例如 pro1_3.c。
- 位置：源程序存放的文件夹，例如，"D:\第 3 题"。

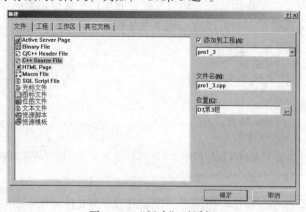

图 3-10 "新建"对话框

第 4 步：输入源程序。图 3-11 所示的源程序窗口，横线处还缺少累加语句，输入下面语句行，并保存。

```
sum=sum+i;   /* 累加式 */
```

（2）调试、运行程序（注意方法与步骤的学习）。

建议：使用"编译微型条"工具条调试运行程序。步骤如下：

第1步：编译。单击按钮，若首次编译，则弹出类似图3-4所示的对话框，单击"是"按钮，先创建工作区再编译；否则直接编译。编译结果要么成功，要么失败。

图3-11 源程序编辑窗口

- 成功：弹出编译成功窗口，显示 pro1_3.obj – 0 error(s), 0 warning(s)的编译信息。表示编译成功，生成目标程序（pro1_3.obj），便可进入第2步。
- 失败：弹出编译失败窗口，显示编译错误信息，包括出错位置（行号）、出错提示信息。注意，双击提示信息，光标定位在源程序窗口的出错程序行，用户检查并修改错误，再重复第1步，直到编译成功。

注意：编译成功，用户可以在"D:\第1题\debug"文件夹检查生成的目标程序。

第2步：连接。单击按钮（Build）。连接结果要么成功，要么失败。

- 成功：弹出连接成功窗口，显示 pro1_3.exe – 0 error(s), 0 warning(s)的连接信息，表示连接成功，并生成可执行程序（pro1_3.exe）。便可进入第3步。
- 失败：弹出连接失败窗口，显示连接错误信息。用户须转到源程序窗口检查并修改错误，再重复第1步和第2步，直到连接成功。

注意：连接成功，用户可以在"D:\第1题\debug"文件夹检查生成的可执行程序。

第3步：执行程序。单击按钮，执行程序，弹出运行窗口，显示运行结果。

4.【独立编程】求1～100间所有偶数的个数，运行结果如下：

count=50

题目要求：

（1）改写第3题程序，实现程序功能，以 pro1_4.c 为文件名保存在"第4题"文件夹。

【提示】本题只是改变统计方式，程序基本框架、操作过程和步骤与第3题一致。

（2）调试、运行程序。

5.【独立编程】求1～100间所有奇数和、奇数个数及奇数平均值，程序运行结果如下：

sum=2500,count=50,average=50

题目要求：

（1）编程实现程序功能，以 pro1_5.c 为文件名保存在"第5题"文件夹。

【提示】综合第3题与第4题的解题思路，利用 for 循环控制范围[1,100]，每次循环使用分支结构判断当前循环变量是否是奇数，如果是就进行累加、计数工作，循环结束后，根据累加和以及计数结果计算出平均值，最后输出显示即可。

（2）调试、运行程序，并将源代码和运行结果截图粘贴在下面。

【实验总结】

总结实验过程中遇到的问题，列出解决问题的方法，谈谈体会。

3.2　C语言简单程序设计

【实验目的】

1. 掌握算术表达式、赋值表达式、基本输入/输出函数的使用，编程实现简单数据处理。
2. 掌握 if...else 语句的使用，编程计算两分段函数。
3. 掌握 for 语句的使用，编写指定次数的循环结构程序。
4. 掌握库函数的使用，了解自定义的函数定义、声明和调用，模仿编写简单程序。

【实验内容】

1.【程序示例】输入两个整数 a 和 b，求表达式 a+b 和|a−b|的值。

题目要求：

（1）阅读下列程序，在指定位置添加语句，完善程序。

```c
#include <math.h>
#include <stdio.h>
int main()
{
    int a,b,sum,diff;
    scanf("%d%d",&a,&b);

    /* 请在两条星线之间填入相应的代码，求两数之和，两数之差的绝对值 */
    /*******************************************************/

    /*******************************************************/

    printf("a+b 的和等于%d\n",sum);
    printf("a-b 的差的绝对值等于%d\n",diff);
}
```

【提示】

① 本题主要考查算术表达式、赋值表达式与常用数学函数的使用。

② 从输出结果看：变量 sum 存放两数之和，变量 diff 存放两数之差的绝对值。

③ 求绝对值需要使用数学函数 abs()或 fabs()。

（2）打开"第1题"文件夹中名为 pro2_1.c 的文件，阅读、完善程序并保存。

完善程序段：

```c
/* 请在两条星线之间填入相应的代码，求两数之和，两数之差的绝对值 */
sum=a+b;
diff=abs(a-b);
```

（3）调试、运行程序。

运行结果：

```
100 200
a+b的和等于300
a-b的差的绝对值等于100
Press any key to continue
```

2.【独立编程】计算银行存款本息。输入存款金额 money、存期 year 和年利率 rate，根据下列公式计算到期本息总额 sum，输出结果保留 2 位小数。

$$sum = money(1 + rate)^{year}$$

运行示例：

输入：存款金额、存期和年利率 10000　3　0.05

输出：本息和等于 11576.25

题目要求：

（1）编程实现程序功能，然后以 pro2_2.c 为文件名保存在 "第 2 题" 文件夹。

【提示】阅读并理解第 1 题的解题思路和程序，思考以下问题。

① 使用数学库函数中的幂函数 pow(x,n) 计算 x^n。

② "%.2lf"或"%.2f"：实现输出结果保留 2 位小数。

（2）调试、运行程序，并给出运行结果。

3.【程序示例】输入 x 的值，计算并输出下列分段函数的值（保留 2 位小数）。

$$y = f(x) = \begin{cases} 1.2x + e^x & (x \leqslant 0) \\ \sqrt{x} + \ln x & (x > 0) \end{cases}$$

题目要求：

（1）阅读下列程序清单，在指定位置添加语句，完善程序。

```
#include <math.h>
#include <stdio.h>
int main()
{
    double x,y;
    scanf("%lf",&x);
    /* 请在两条星线之间填入相应的代码，计算分段函数 y 的值 */
    /*************************************************/


    /*************************************************/

    printf("x=%.2f,y=%0.2f\n",x,y);
    return 0;
}
```

【提示】

① 本题主要考查表达式、赋值语句、常用数学函数、if...else 语句的使用。

② 两分段函数使用分支结构 if...else 语句。

③ 调用数学库函数 exp()、sqrt() 和 log()，分别计算 e^x、$\sqrt{x}$ 和 $\ln x$。

（2）打开 "第 3 题" 文件夹中名为 pro2_3.c 的文件，阅读、完善程序并保存。

完善程序段：

```
/* 请在两条星线之间填入相应的代码，计算分段函数 y 的值 */
if(x<=0) y=1.2*x+exp(x);
```

```
else y=sqrt(x)+log(x);
```

（3）调试、运行程序。

运行结果：

```
1                    0                   -1
x=1.00,y=1.00    x=0.00,y=1.00    x=-1.00,y=-0.83
```

4.【独立编程】输入 x 的值，计算并输出下列分段函数的值（保留 2 位小数）。

$$y = f(x) = \begin{cases} x^5 + 2x + \dfrac{1}{x} & (x < 0) \\ \sqrt{x} & (x \geq 0) \end{cases}$$

运行示例 1：$\boxed{输入：-1\ \ 输出：x=-1.00,\ y=-4.00}$

运行示例 2：$\boxed{输入：9\ \ 输出：x=9.00,\ y=3.00}$

题目要求：

（1）编程实现程序功能，然后以 pro2_4.c 为文件名保存在"第 4 题"文件夹。

【提示】阅读并理解第 3 题的解题思路和程序，思考以下问题。

① 分段函数计算：使用 if...else 语句。

② 使用数学库函数中的 sqrt() 与 pow() 函数，分别计算 $\sqrt{x}$ 、x^n。

③ "%.2lf"或"%.2f"：实现输出结果保留 2 位小数。

（2）调试、运行程序，并给出运行结果。

5.【程序示例】输入正整数 n，计算下列多项式的前 n 项之和，输出结果保留 2 位小数。项的变化规律：正负交替，分子为 1，分母递增 2 变化。

$$1 - \frac{1}{3} + \frac{1}{5} - \frac{1}{7} + \cdots$$

题目要求：

（1）阅读下列程序，在指定位置添加语句，完善程序。

```c
#include <stdio.h>
int main()
{
    int fm,flag,i,n;
    double item,sum;

    printf("请输入一个正整数: ");
    scanf("%d",&n);

    /* 请在两条星线之间填入相应的代码 */
    /* 使用 for 循环结构计算 1-1/3+1/5-1/7+...的前 n 项之和 */
    /***************************************************/


    }
    /***************************************************/
    printf("1-1/3+1/5-1/7+...的前 %d 项之和等于%0.2f\n",n,sum);
    return 0;
}
```

【提示】

① 本题求多项式和，需要使用循环结构。由于循环次数已知，一般选用 for 语句。

② 分析变量定义和结果输出，程序设置关键变量，含义如下：

- i：循环变量；
- n：项数；
- fm：分母，初值为 1；
- flag：项符号，初值为 1；
- item：项；
- sum：和，初值为 0。

③ 算法思想：通过循环变量 i 控制循环执行 n 次，每次计算 item、累加 item、变符号、变分母。本题选用 for 语句，需要确定以下几个问题：

- 循环体：计算 item、累加 item、变符号、变分母。
- 循环条件：共循环 n 次，可用"i<=n"表示循环条件。

算法用类 for 语句描述如下：

```
初始化 flag、fm 和 sum;
求多项式之和;
    for(i=1;i<=n;i++){
        计算 item;
        累加 item;
        变符号 flag;
        变分母 fm;
    }
```

注意：项的计算式如何正确表示？请理解下列 3 种表达方式的正确性。

方式 1：item=flag*1.0/fm;   （按 double 做除法，结果不为 0，正确）

方式 2：item=flag*1.0/(2*i-1);   （按 double 做除法，结果不为 0，正确）

方式 3：item=flag*1/fm;   （按 int 做除法，结果为 0，错误）

（2）打开"第 5 题"文件夹中名为 pro4_5.c 的文件，阅读\完善程序并保存。

完善程序段：

```
sum=0;flag=1;fm=1;
for(i=1;i<=n;i++){
    item=flag*1.0/fm;
    sum=sum+item;
    flag=-flag;
    fm=fm+2;
}
```

（3）调试、运行程序。

运行结果：

```
请输入一个正整数: 5
1-1/3+1/7+...的前五项之和等于 0.83
```

6.【独立编程】输入正整数 n，计算下列多项式的前 n 项和，输出结果保留 2 位小数。项的变化规律：正负交替，分子是前一项的分母，分母是前一项的分子和分母之和。

$$1-\frac{1}{2}+\frac{2}{3}-\frac{3}{5}+\cdots$$

运行示例：输入：5，输出：1.19

题目要求：

（1）编程实现程序功能，然后以 pro2_6.c 为文件名保存在"第6题"文件夹。

【提示】阅读并理解第5题的解题思路和程序清单，思考以下问题。

① 程序结构与第5题相同，区别主要在变量初始化、项变化规律方面。

② "%.2lf"或"%.2f"：实现输出结果保留2位小数。

（2）调试、运行程序，并给出运行结果。

7.【独立编程】输入正整数 n 和实数 x，计算多项式 $x^1+x^2+\cdots+x^n$ 之和，输出结果只保留2位小数。

运行示例：输入：5 2.0，输出：62.00

题目要求：

（1）编程实现程序功能，然后以 pro2_7.c 为文件名保存在"第7题"文件夹。

【提示】阅读并理解第5题的解题思路和程序，x^n 计算可调用数学函数 pow。

（2）调试、运行程序，并给出运行结果。

【实验总结】

总结实验过程中遇到的问题，列出解决问题的方法，谈谈体会。

3.3   分支结构程序设计

【实验目的】

1. 熟练掌握关系表达式和逻辑表达式的使用。

2. 熟练掌握使用 else...if 语句、嵌套 if 语句和 switch 语句实现多分支结构程序设计。

3. 熟练掌握 switch 语句中 break 语句的作用。

【实验内容】

1.【程序示例】程序功能：输入用水量 x 的值，按下列公式分段计算并输出水费 y 的值（保留2位小数）。

$$y=f(x)=\begin{cases}0 & (x<0)\\[2mm]\dfrac{4}{3}x & (0\leqslant x\leqslant15)\\[2mm]2.5x-10.5 & (x>15)\end{cases}$$

题目要求：

（1）阅读下列程序，在指定位置添加语句，完善程序。

```c
#include <stdio.h>
int main()
{
    double x,y;
```

```
    printf("输入用水量 x ( x>=0 ): ");
    scanf("%lf",&x);

    /* 请在两条星线之间填入相应的代码，按题目要求计算水费 y 的值 */
    /***********************************************************/

    /***********************************************************/

    printf("用水量 x=%.2f,水费 y=%0.2f\n",x,y);        /* 输出结果 */
    return 0;
}
```

【提示】

① 本题主要考查算术表达式、赋值表达式、关系表达式和多分支结构的使用。

② 三分段函数需要使用多分支结构。实现多分支结构通常有两种方法：else…if 语句和嵌套 if 语句。本题选用 else…if 语句计算三分段函数。

```
if(x<0)            按第 1 段计算水费 y;
else if(x<=15)     按第 2 段计算水费 y;
else               按第 3 段计算水费 y;
```

（2）打开"第 1 题"文件夹中名为 pro3_1.c 文件，阅读、完善程序并保存。

完善程序段：

```
if(x<0) y=0;
else if(x<=15)  y=4*x/3;
elsey=2.5*x-10.5;
```

（3）调试、运行程序。

运行结果：

```
输入用水量 x(x>=0): -100
用水量 x=-100.00, 水费 y=0.00

输入用水量 x(x>=0): 12
用水量 x=12.00, 水费 y=16.00

输入用水量 x(x>=0): 30
用水量 x=30.00, 水费 y=64.50
```

2.【独立编程】程序功能：输入工资 x 的值，按下列公式分段计算所得税 y 并输出结果（保留 2 位小数）。所得税计算规则：

$$y=f(x)=\begin{cases}0 & (x\leqslant 30\,000)\\(x-30\,000)\times 3\% & (30\,000<x\leqslant 50\,000)\\20\,000\times 3\%+(x-50\,000)\times 6\% & (50\,000<x\leqslant 100\,000)\\20\,000\times 3\%+50\,000\times 6\%+(x-100\,000)\times 10\% & (x>100\,000)\end{cases}$$

运行示例：（4 种情况）：

① 输入：-10000， 输出：0.00	② 输入：40000， 输出：300.00
③ 输入：80000， 输出：2400.00	④ 输入：120000， 输出：5600.00

题目要求：

（1）编程实现程序功能，然后以 pro3_2.c 为文件名保存在"第 2 题"文件夹中。

【提示】阅读并理解第1题的解题思路和程序,思考以下问题:多分支结构建议使用else...if语句。

（2）调试、运行程序,并给出运行结果。

3.【程序示例】程序功能:输入三角形的三条边 *a*、*b*、*c* 的值,若能构成三角形,则判断三角形的形状并计算三角形的周长（保留 2 位小数）;若不能构成三角形,则输出信息"数据错误,不能构成三角形"。

题目要求:

（1）阅读下列程序清单,在指定位置添加语句,完善程序。

```c
#include <stdio.h>
int main()
{
    double a,b,c,perimeter;

    printf("输入三条边: ");
    scanf("%lf%lf%lf",&a,&b,&c);

    /* 请在两条星线之间填入相应的代码，判断三角形的形状、计算并输出周长 */
    /*****************************************************************/

    /*****************************************************************/
    return 0;
}
```

【提示】

① 构成三角形条件:a、b、c 均大于 0 且任意两边之和大于第三边。

② 三角形形状判断条件:若 a=b=c,等边;若 a≠b≠c,非等腰;否则等腰。

③ 多分支结构:else...if 和嵌套 if。本题使用嵌套 if。两星线间的算法描述如下:

```
if(a<=0 或 b<=0 或 c<=0)  不能构成三角形
else
    if(a+b>c 且 a+c>b 且 b+c>a){
        计算并输出三角形的周长;
        判断三角形的形状，规则如下:
            if(a=b=c) 等边三角形;
            else
                if(a≠b≠c) 非等腰三角形;
                else 等腰三角形;
    }
else 不能构成三角形
```

（2）打开"第3题"文件夹中名为 pro3_3.c 的文件,阅读、完善程序并保存。

完善程序段:

```c
if(a<=0||b<=0||c<=0)
    printf("数据错误，不能构成三角形\n");
else
    if(a+b>c&&a+c>b&&b+c>a){
        perimeter=a+b+c;
        printf("周长=%.2f\n",perimeter);
        if(a==b&&b==c&&a==c) printf("形状: 等边三角形\n");
        else{
```

```
            if(a!=b&&a!=c&&b!=c) printf("形状: 非等腰三角形\n");
            else printf("形状: 等腰三角形\n");
        }
    }
    else printf("数据错误, 不能构成三角形\n");
```

（3）调试、运行程序。

运行结果:

输入三条边: *-1 1 2*
数据错误, 不能构成三角形

输入三条边: *1 2 3*
数据错误, 不能构成三角形

输入三条边: *3 3 3*
周长=9.00
三角形形状: 等边三角形

输入三条边: *3 4 5*
周长=12.00
三角形形状: 非等腰三角形

输入三条边: *2 2 3*
周长=7.00
三角形形状: 等腰三角形

4.【独立编程】程序功能: 输入三角形三个角∠A、∠B、∠C 的值, 若能构成三角形, 则判断三角形的形状并计算任意两角的外角和（保留 2 位小数）; 若不能构成三角形, 则输出信息"数据错误, 不能构成三角形"。

运行示例（5 种情况）:

① 输入: -1 -2 -3, 输出: 不能构成三角形
② 输入: 30 40 50, 输出: 不能构成三角形
③ 输入: 60 80 40, 输出: AB 和=220, AC 和=260, BC 和=240, 锐角三角形
④ 输入: 40 90 50, 输出: AB 和=230, AC 和=270, BC 和=220, 直角三角形
⑤ 输入: 120 40 20, 输出: AB 和=200, AC 和=220, BC 和=300, 钝角三角形

题目要求:

（1）编程实现程序功能, 然后以 pro3_4.c 为文件名保存在"第 4 题"文件夹中。

【提示】阅读并理解第 3 题的解题思路和程序, 思考以下问题。

① 构成三角形的条件: 内角和等于 180° 且都大于 0°。

② 三角形的形状: 锐角三角形、直角三角形、钝角三角形。

③ 多分支结构建议使用嵌套 if 语句。

（2）调试、运行程序, 并给出运行结果。

5.【程序示例】程序功能: 输入五级制成绩（A~E）, 输出相应的百分制成绩区间。要求使用 switch 语句实现多分支结构, 五级制成绩与百分制成绩区间的对应关系:

A—[90,100]、B—[80,89]、C—[70,79]、D—[60,69]、E—[0,59]。

题目要求:

（1）阅读下列程序，在指定位置添加语句，完善程序。

```
#include <stdio.h>
int main()
{
    char grade;

    printf("请输入五级制成绩(A～E): ");
    scanf("%c",&grade);

    /* 请在两条星线之间填入相应的代码，输出相应的百分制成绩（0～100）区间 */
    /*****************************************************************/

    /*****************************************************************/
    return 0;
}
```

【提示】

① 本题主要考查用 switch 语句实现多分支结构。switch 语句的使用分 3 种情况：

• 在 switch 语句的每个分支程序段中都使用 break 语句。

• 在 switch 语句的每个分支程序段中都不使用 break 语句。

• 在 switch 语句的某些分支程序段中共用 break 语句。

② 考虑到输入等级字母有大写与小写两种情况，本题使用第 3 种。即：'A'与'a'属同一种；'B'与'b'属同一种；'C'与'c'属同一种；'D'与'd'属同一种；'E'与'e'属同一种；其他属同一种。

（2）打开"第 5 题"文件夹中名为 pro3_5.c 的文件，阅读、完善程序并保存。

完善程序段：

```
switch(grade){
    case 'A':case 'a':
        printf("A----[90,100]\n");break;
    case 'B':case 'b':
        printf("B----[80,89]\n");break;
    case 'C':case 'c':
        printf("C----[70,79]\n");break;
    case 'D':case 'd':
        printf("D----[60,69]\n");break;
    case 'E':case 'e':
        printf("E----[0,60]\n");break;
    default:
        printf("Input Error!\n");break;
}
```

（3）调试、运行程序。

运行结果：

```
请输入五级制成绩(A～E): A          请输入五级制成绩(A～E): F
A----[90,100]                        Input Error!
```

6.【独立编程】程序功能：输入百分制成绩（0～100 间整数），输出相应的五级制成绩（A～E）。要求使用 switch 语句编程，五级制与百分制之间的对应关系为：

A：[90,100]、B：[80,89]、C：[70,79]、D：[60,69]、E：[0,59]。

题目要求：

（1）编程实现程序功能，然后以 pro3_6.c 为文件名保存在"第 6 题"文件夹中。

【提示】阅读并理解第 5 题的解题思路和程序，思考以下问题。

① 理解第 5 题的解题思路，使用 switch 语句实现多分支结构。

② 如何利用百分制成绩 score 构建 switch 语句中的表达式？

思考：score 是百进制整数，分支太多，使用 score/10 分支合理，请理解。

（2）调试、运行程序，并给出运行结果。

7.【独立编程】程序功能：输入正整数 n 和 n 个学生成绩，计算平均成绩，并统计各等级成绩的学生人数。成绩分为如下 5 个等级：

A：90～100、B：80～89、C：70～79、D：60～69、E：0～59。

题目要求：

（1）编程实现程序功能，然后以 pro3_7.c 为文件名保存在"第 7 题"文件夹中。

【提示】阅读理解第 5 题到第 6 题的解题思路和程序，思考以下问题：

① n 个学生成绩处理（输入、求和、统计）：指定循环次数，使用 for 语句。

② 平均成绩：设置和变量 sum，先求总成绩，再求平均成绩。

③ 等级计数：设置 5 个计数变量 a、b、c、d、e 分别计数 5 个等级。

④ 多分支结构：从 else...if 语句和 switch 语句中选用其中一种。

（2）调试、运行程序，并给出运行结果。

【实验总结】

总结实验过程中遇到的问题，列出解决问题的方法，谈谈体会。

3.4 循环结构程序设计

【实验目的】

1. 熟练使用 for、while 和 do...while 语句实现循环结构程序设计。

2. 理解循环条件和循环体，以及 for、while 和 do...while 语句的相同及不同之处。

3. 理解循环嵌套，熟练掌握循环嵌套程序设计。

4. 熟练掌握 break 和 continue 语句的使用。

【实验内容】

1.【程序示例】程序功能：输入正整数 n 和 n 个正整数，统计偶数个数与偶数和。

题目要求：

（1）阅读下列程序清单，在指定位置添加语句，完善程序。

```
#include <stdio.h>
int main()
{
    int i,n,x,s=0,c=0;        /* s: 偶数和，c: 偶数个数，初值都是 0 */

    printf("输入一个正整数: ");
    scanf("%d",&n);
    printf("输入%d 个正整数: ",n);

    /* 请在两条星线之间填入相应的代码，输入 n 个正整数，求其中的偶数个数与偶数和 */
```

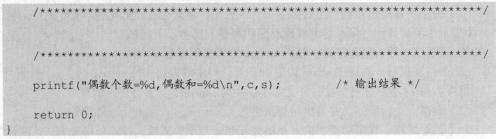

```
printf("偶数个数=%d,偶数和=%d\n",c,s);          /* 输出结果 */

    return 0;
}
```

【提示】

① 本题求累加和与个数计数的问题，需要使用循环结构。由于循环次数已知，一般选用 for 语句。偶数条件用关系表达式"x%2==0"表示。

② 分析变量定义和结果输出，程序设置关键变量，含义如下：

- i：循环变量；
- x：输入变量；
- s：偶数和；
- c：偶数个数。

③ 算法思想：通过循环变量 i 控制循环执行 n 次，每次输入 x，若 x 为偶数，则累加 x 并计数个数。本题选用 for 语句，需要确定以下几个问题：

- 循环体：输入 x、若 x 为偶数则累加 x 并计数个数。
- 循环条件：共循环 n 次，可用"i<=n"表示循环条件。

算法用类 for 语句描述如下：

```
for(i=1;i<=n;i++){
    scanf("%d",&x);
    if(x是偶数){ s=s+x; c=c+1; }
}
```

（2）打开"第 1 题"文件夹中名为 pro4_1.c 的文件，阅读、完善程序并保存。

完善程序段：

```
for(i=1;i<=n;i++){
    scanf("%d",&x);
    if(x%2==0){ s=s+x; c=c+1; }
}
```

（3）调试、运行程序。

运行结果：

```
输入一个正整数：10
输入 10 个正整数： 1 2 3 4 5 6 7 8 9 10
偶数个数=5,偶数和=30
```

2.【独立编程】程序功能：输入一个正整数 *n* 和 *n* 个正整数，分别求 *n* 个整数之和与 7 的倍数的奇数平均值（输出结果保留两位小数）。

题目要求：

（1）编程实现程序功能，然后以 pro4_2.c 为文件名保存在"第 2 题"文件夹中。

【提示】阅读理解第 1 题的程序和解题思路，思考以下问题。

① 循环语句选择问题，选择 for、while 还是 do...while？

② 3 个统计变量：整数和，7 的倍数的奇数和，7 的倍数的奇数个数，初值均为 0。

③ 如何书写"平均值"的算术表达式？如何书写"7 的倍数的奇数"关系表达式？

（2）调试、运行程序，并给出运行结果。

3.【程序示例】程序功能：键盘输入一批学生成绩，统计最高分和最低分。

题目要求：

（1）阅读下列程序，在指定位置添加语句，完善程序。

```
#include <stdio.h>
int main()
{
    int score,max,min;  /* 定义统计变量*/

    printf("输入第 1 个学生成绩: ");
    scanf("%d",&score);
    printf("输入剩余学生的成绩(以负数结束): ");

    /* 在两条星线间填入相应的代码，输入一批学生成绩，统计最高分和最低分 */
    /*************************************************************/



    /*************************************************************/

    /*输出结果*/
    printf("最高分=%d,最低分=%d\n",max,min);
    return 0;
}
```

【提示】

① 本题求一批成绩的最值问题，需要使用循环结构。由于循环次数未知，一般选用 while 或 do…while 语句。本题选用 while 语句。

② 分析变量定义和结果输出，程序设置关键变量，含义如下：

score：成绩输入变量；

max：最高分；

min：最低分。

③ 算法思想：以求最高分为例，先输第一个成绩 score 并设为 max 的初值，然后在循环中比较 score 与 max 的大小，如果 score 大于 max，则令 score 为新的 max，再输下一个成绩 score，继续循环，直到所有的成绩都处理完毕。本题选用 while 语句，需要确定以下几个问题：

- 循环体：比较 max 与 score 大小，确定新的 max；输入下一个成绩 score。
- 循环条件：由于成绩非负，因此可用"score>=0"表示循环条件。

最小值求解方法类似，算法用类 while 语句描述如下：

```
max=min=score;              /* 设置 max 与 min 初值: 第 1 个学生成绩 */
while(score>=0){
    if(score>max) max=score;    /* 比较 max 与 score，找新的 max */
    if(score<min) min=score;    /* 比较 min 与 score，找新的 min */
    scanf(&score);             /* 输入下一个成绩 */
}
```

（2）打开"第 3 题"文件夹中名为 pro4_3.c 的文件，阅读、完善程序并保存。

完善程序段：

```
    max=score;min=score;                    /* 设置 max 与 min 初值: 第 1 个学生成绩 */
    while(score>=0){
        if(score>max) max=score;            /* 比较 max 与 score, 找新的 max */
        if(score<min) min=score;            /* 比较 min 与 score, 找新的 min */
        scanf("%d",&score);                 /* 输入下一个成绩 */
    }
```

（3）调试、运行程序。

运行结果：

```
输入第 1 个学生成绩: 80
输入剩余学生的成绩(以负数结束): 90 100 99 88 78 60 -1
最高分=100,最低分=60
```

4.【独立编程】程序功能：从键盘上输入一个班的学生成绩，评估教学效果。评估规则如下：若平均分高于最高分的 4/5，教学效果为"好"；若平均分低于最高分与最低分之和的 1/2，教学效果为"差"；否则为"一般"。

题目要求：

（1）编程实现程序功能，然后以 pro4_4.c 为文件名保存在"第 4 题"文件夹中。

【提示】阅读理解第 3 题的程序和解题思路，思考以下问题。

① 循环语句选择问题，选择 for、while 还是 do...while？

② 如何求最高分、最低分、平均分与计数问题？

③ 多分支结构语句的选取问题，选择 else...if、嵌套 if 还是 switch？

（2）调试、运行程序，并给出运行结果。

5.【程序示例】程序功能：输入正整数 m，求 m 的位数及各数位上数字的立方和。

题目要求：

（1）阅读下列程序，在指定位置添加语句，完善程序。

```
#include <stdio.h>
int main()
{
    int m,n,d,ws=0,sum=0;           /* d: 数位数字, ws: 位数, sum: 立方和*/

    printf("输入一个正整数: ");
    scanf("%d",&m);
    /*在两条星线间填入相应的代码,求它的位数以及各数位上数字的立方和*/
    /**********************************************************************/



    /**********************************************************************/

    /*输出结果*/
    printf("整数%d 共有%d 位数, 各数位上数字的立方和是%d\n",m,ws,sum);
    return 0;
}
```

【提示】

① 本题需要将一个正整数的各位数字逐位拆分，计数位数及累加各位数字立方和。由于整数位数未知，因此循环次数也不定，一般选 while 或 do...while 循环。本题选 do...while。

② 分析变量定义和结果输出，程序设置如下关键变量，含义如下：

- m：输入整数；
- n：m 的中间变量，需要保持 m 不变；
- d：数位数字；
- ws：位数计数器；
- sum：立方和。

③ 算法思想：在循环中，每次拆分 n 的末位数，去掉 n 的末位数，计数位数，累加末位数立方和，直到 n 等于 0 为止。本题选用 do...while 语句，需要确定以下几个问题：

- 循环体：拆分 n 的末位数，去掉 n 的末位数，计数位数，累加末位数立方和。
- 循环条件：直到 n 等于 0 为止，可用 "n!=0" 表示循环条件。

算法用类 do...while 语句描述如下：

```
do{
    d=n%10;                 /* 拆分 n 的末位数 */
    n=n/10;                 /* 去掉 n 的末位数 */
    ws++;                   /* 计数数位 */
    sum=sum+d*d*d;          /* 累加末位数立方和 */
}while(n!=0);
```

（2）打开 "第 5 题" 文件夹中名为 pro4_5.c 的文件，阅读、完善程序并保存。

完善程序段：

```
do{
    d=n%10;                 /* 拆分 n 的末位数 */
    n=n/10;                 /* 去掉 n 的末位数 */
    ws++;                   /* 计数数位 */
    sum=sum+d*d*d;          /* 累加末位数立方和 */
}while(n!=0);
```

（3）调试、运行程序。

运行结果：

输入一个正整数：*123*
整数 123 共有 3 位数，各数位上数字的立方和是 36

6.【独立编程】程序功能：输入正整数 *m*，求 *m* 最高位的权及 *m* 各数位上偶数数字之和。例如，整数 12345，最高位的权是 10^4，各数位偶数数字之和为 6。

题目要求：

（1）编程实现程序功能，然后以 pro4_6.c 为文件名保存在 "第 6 题" 文件夹中。

【提示】阅读理解第 5 题的程序和解题思路，思考以下问题。

① 循环语句选择问题，选择 for、while 还是 do...while？

② 如何分离末位？如何求位权？如何去掉末位数？如何设置各变量的初值？

③ 最高位的权与位数有何关系？如何用算术表达式表示最高位的权？

（2）调试、运行程序，并给出运行结果。

7.【程序示例】程序功能：使用公式计算并输出 π 的近似值，要求精确到最后一项的绝对值小于 10^{-4}，结果保留 4 位小数。计算公式 $\dfrac{\pi}{4}=1-\dfrac{1}{3}+\dfrac{1}{5}-\dfrac{1}{7}+\cdots$

题目要求：

（1）阅读下列程序，在指定位置添加语句，完善程序。

```
#include <math.h>
#include <stdio.h>
int main()
{
    int fm=1,flag=1;            /* fm: 分母，初值为 1; flag: 正符号，初值为+1 */
    double item=1,pi=0;         /* item: 项，初值为 1; pi: 累加和，初值为 0 */

    /* 请在两条星线之间填入相应的代码 */
    /* 按公式求 π/4 的近似值，直到最后一项的绝对值小于 10⁻⁴ */
    /***************************************/


    /***************************************/
    pi=pi*4;                               /* 计算 π */

    printf("π的近似值等于%.4f\n",pi);      /* 输出结果 */
    return 0;
}
```

【提示】

① 本题求解多项式的和，需要使用循环结构。本题只给出精度要求，无法预知循环次数，一般选用 while 或 do...while 语句来实现。

② 分析变量定义和结果输出，程序设置如下关键变量，含义如下：

- flag: 项符号，+1 和–1 交替变化，初值为第 1 项符号+1，计算式为 flag=-flag;
- fm: 项分母，每次递增 2，初值为第 1 项分母 1，计算式为 fm=fm+2;
- item: 项，初值为 1，计算式为 item=flag*1.0/fm;
- pi: 累加和，初值设为 0，计算式为 pi=pi+item。

③ 算法思想：在循环结构中，每次完成计算 item、累加 item、改变 flag、改变 fm 4 项操作，直到|item|$<10^{-4}$为止。本题选用 while 语句，需要确定以下几个问题：

- 循环体：计算 item、累加 item、改变 flag、改变 fm。
- 循环条件：直到|item|$<10^{-4}$为止，表示为 "fabs(item)>=0.0001"。

算法用类 while 语句描述如下：

```
while(|item|>=10⁻⁴){                /* 计算 π/4 */
    ● 计算 item;
    ● 累加 item;
    ● 变符号 flag;
    ● 变分母 fm;
}
```

（2）打开 "第 7 题" 文件夹中名为 pro4_7.c 的文件，阅读、完善程序并保存。

完善程序段：

```
while(fabs(item)>=0.0001){   /* 计算 π/4 */
    item=flag*1.0/fm;        /* 计算 item */
    pi=pi+item;              /* 累加 item */
    flag=-flag;             /* 变化符号 */
    fm+=2;                   /* 变化分母 */
}
```

（3）调试、运行程序。

运行结果：

π 的近似值等于 3.1418

8.【独立编程】程序功能：输入正实数 eps，按公式计算并输出 s 的值，直到相邻两项绝对值之差的绝对值小于 eps，结果保留 4 位小数。计算公式 $s = 1 - \dfrac{1}{4} + \dfrac{1}{7} - \dfrac{1}{10} + \dfrac{1}{13} - \dfrac{1}{16} + \cdots$

运行示例：输入 0.0001，输出 0.8385

题目要求：

（1）编程实现程序功能，然后以 pro4_8.c 为文件名保存在"第 8 题"文件夹中。

【提示】阅读理解第 7 题的程序和解题思路，思考以下问题。

① 循环语句选择问题，选择 for、while 还是 do…while？

② 设置 item1 和 item2 表示相邻两项？item1 与 item2 有何关系？如何设置初值？

③ 循环体做什么？循环条件如何表达？

（2）调试、运行程序，并给出运行结果。

9.【程序示例】程序功能：使用二重循环结构编写程序，计算 s=1!+2!+3!+…+10!。

题目要求：

（1）阅读下列程序，在指定位置添加语句，完善程序。

```c
#include <stdio.h>
int main()
{
    int i,j;
    double item,sum=0;       /* item: 项变量, sum: 累加和变量, 初值为 0 */

    /* 在两条星线间填入相应的代码，使用二重循环结构（循环嵌套）求计算式 s 的值 */
    /*********************************************************/



    /*********************************************************/

    printf("1!+2!+3!+…+10!=%.0f\n",sum);       /* 输出结果 */
    return 0;

}
```

【提示】

① 本题计算多项式和，需用循环结构。由于循环次数已知，选用 for 语句实现。

② 分析变量定义和结果输出，程序设置如下关键变量，含义如下：

● item：阶乘项，初值为 1，循环计算 i!，计算式为 item=item*j；

● sum：累加和，初值设为 0，循环计算 sum，计算式为 sum=sum+item。

③ 算法思想：二重循环求多项式之和。内循环计算阶乘项，外循环计算累加和。

● item 计算：求 i!，即 i!=1*2*…*i，使用单重循环。item 初值为 1，j 从 1 变化到 i，连乘计算 item（item=item*j）。用类 for 语句描述如下：

```c
    item=1;                  /* 项变量赋初值 1 */
    for(j-1;j<=i;j++)        /* 连乘计算 i! */
        item=item*j;
```

● sum 计算：sum=1!+2!+…+10!，使用单重循环实现。sum 初值为 0，i 从 1 变化到 10，计算 i!（item=i!）、累加 i!（sum=sum+item）。用类 for 语句描述如下：

```c
    for(i=1;i<=10;i++){
        item=i!;             /* 计算 i! */
```

```
        sum=sum+item;              /* 累加 i! */
    }
```

综合 item 和 sum 的计算过程，item 计算嵌入在 sum 计算中，需要二重循环。

（2）打开"第9题"文件夹中名为 pro4_9.c 的文件，阅读、完善程序并保存。

完善程序段：

```
    for(i=1;i<=10;i++){
        item=1;                    /* 项变量赋初值 1 */
        for(j=1;j<=i;j++)          /* 计算 i! */
            item=item*j;
        sum=sum+item;              /* 累加 i! */
    }
```

（3）调试、运行程序。

运行结果：

```
1!+2!+3!+…+10!=4037913
```

10.【独立编程】程序功能：输入 0～9 的整数 a 和 n，使用二重循环结构（循环嵌套）编写程序，计算 $s=a+aa+\cdots+\underbrace{aa\cdots a}_{n\text{个}a}$。

运行示例：输入：2 3，输出：246

题目要求：

（1）编程实现程序功能，然后以 pro4_10.c 为文件名保存在"第10题"文件夹中。

【提示】阅读理解第9题的程序和解题思路，思考以下问题。

① 本题使用二重循环结构，循环语句选择 for 语句。

② 设置4个重要变量 s、item、a 和 n，其中，s：累加和；item：项；a：项数位数字；n：项位数。

③ 内循环计算 item，思考"item=item*10+a"的作用，外循环累加 item。

（2）调试、运行程序，并给出运行结果。

11.【独立编程】程序功能：输入长整数 n，从高位开始逐位分离并输出。例如，输入 123456，程序运行结果如下。

运行示例：输入：123456，输出：1,2,3,4,5,6

题目要求：

（1）编程实现程序功能，然后以 pro4_11.c 为文件名保存在"第11题"文件夹中。

【提示】阅读理解第5题、第6题的程序和解题思路，思考以下问题。

① 循环语句选择问题，选择 for、while 还是 do…while？如何定义循环条件？

② 本题应该先求出最高位的权。如何求一个整数最高位的权？

③ 如何得到最高位数？如何去掉最高位数？如何降权处理？

（2）调试、运行程序，并给出运行结果。

12.【独立编程】猴子吃桃子问题：猴子第一天摘下若干个桃子，当即吃了一半多一个，第二天将剩下的桃子吃掉一半多一个，以后每天都吃掉前一天剩下桃子的一半多一个。到第10天想再吃时，只剩下一个桃子。求第一天猴子共摘了多少个桃子？

题目要求：

（1）编程实现程序功能，然后以 pro4_12.c 为文件名保存在"第12题"文件夹中。

【提示】本题采用从后往前推导计算，即根据第10天推出第9天，根据第9天推出第8天，依此类推，最后根据第2天推出第1天，也就是通常所说的"迭代法"。思考以下问题。

① 循环语句选择问题，选择 for、while 还是 do…while。

② 设置两个变量：x1——前天桃子数，x2——当天桃子数，x1 与 x2 存在下列关系式。x2=x1/2-1，将其变形为 x1=2(x2+1)，以此作为递推式。

③ 如何迭代 x1 与 x2？

（2）调试、运行程序，并给出运行结果。

13.【独立编程】使用二重循环编写程序，输出 1~10 000 之间所有水仙花数并统计个数。水仙花数就是满足各位数字的立方和等于它本身的数。

题目要求：

（1）编程实现程序功能，然后以 pro4_13.c 为文件名保存在"第13题"文件夹中。

【提示】阅读并理解第5题、第6题、第9题、第10题的解题思路和程序，思考以下问题。

① 算法思想：双重循环。外循环让 i 从 1 变化到 10 000，每次循环，先求 i 的各数位上数字的立方和，再判断是否符合水仙花数并输出结果。内循环实现求 i 的各数位上数字的立方和。

② 循环语句的选择问题，外循环选择 for 语句，内循环选择 while 或 do…while 语句。

（2）调试、运行程序，并给出运行结果。

【实验总结】

总结实验过程中遇到的问题，列出解决问题的方法，谈谈体会。

3.5 函数程序设计

【实验目的】

1. 熟练掌握函数的定义、声明和调用。
2. 熟练掌握使用函数编写程序。
3. 掌握函数的实参、形参和返回值的概念及使用。

【实验内容】

1.【程序示例】程序功能：输入正整数 n，计算 $S=1+1/2!+\cdots+1/n!$ 的前 n 项的和（保留4位小数），要求：定义并调用函数 fact(n) 计算 n 的阶乘。

题目要求：

（1）阅读下列程序，在指定位置添加语句，完善程序。

```
#include <stdio.h>
int main()                    /* main()函数定义 */
{
    int i,n;
    double item,sum=0;        /* item: 项, sum: 和, 初值为 0 */

    /* 请在两条星线之间填入相应的代码，声明 fact() 函数 */
    /***************************************************/


    /***************************************************/
```

```
    printf("输入一个正整数: ");
    scanf("%d",&n);

    /* 请在两条星线间填入相应代码，计算 s=1+1/2!+...+1/n!的值 */
    /* 要求: 调用函数 fact(n)计算 n 的阶乘。*/
    /*************************************************/



    /*************************************************/

    /* 输出结果 */
    printf("1+1/2!+...+1/%d!=%0.4f\n",n,sum);
    return 0;
}
double fact(int n)          /* fact()函数定义: 求 n! */
{
    double product=1;      /* product: 连乘变量，初值为 1 */
    int i;

    /*请在两条星线间填入相应代码，计算 n! */
    /*************************************************/



    /*************************************************/

    return product;
}
```

【提示】

① 本题采用多函数结构，包括 fact()函数和 main()函数。

② fact()函数设计。

• 功能: 计算并返回 n!。

• 函数首部: double fact(int n)。

• 参数说明: (int n)，已知条件，表示需要计算阶乘的整数。

• 函数体: 使用单重循环求 n!（连乘运算），连乘式是 product=product*i。由于循环次数已知，一般选用 for 语句。用类 for 语句描述如下:

```
    for(i=1;i<=n;i++)
        product=product*i;
```

③ main()函数设计。

• 功能: 计算并输出多项式之和。

• 函数体: 使用单重循环求多项式之和（累加运算），累加式是 sum=sum+item，计算 item 需要调用 fact()函数。由于循环次数已知，一般选用 for 语句。用类 for 语句描述如下:

```
    for(i=1;i<=100;i++){
        • 计算第 i 项 item;
        • 累加第 i 项 item;
    }
```

（2）打开"第1题"文件夹中名为pro5_1.c的文件，阅读、完善程序并保存。

完善程序段：

```
/* 请在两条星线之间填入相应的代码，声明 fact() 函数 */
double fact(int n);
```

```
/* 请在两条星线间填入相应代码，计算 s=1+1/2!+...+1/n! 的值 */
for(i=1;i<=n;i++){
    item=1/fact(i);          /* 计算第 i 项 */
    sum=sum+item;            /* 累加第 i 项 */
}
```

```
/* 请在两条星线间填入相应代码，计算 n! */
for(i=1;i<=n;i++)
    product*=i;
```

（3）调试、运行程序。

运行结果：

```
输入一个正整数: 5
1+1/2!+...+1/%d!=1.7167
```

2.【独立编程】程序功能：输入正整数 n 和实数 x（x 范围在区间[0, 1.57]之间），按公式计算 $\cos(x)$ 的值（前 n 项之和，保留4位小数）。要求定义并调用函数 fact(n) 计算 n 的阶乘，定义并调用函数 power(x,n) 计算 x^n。

$$\cos(x) = \frac{x^0}{0!} - \frac{x^2}{2!} + \frac{x^4}{4!} - \frac{x^6}{6!} + \cdots$$

运行示例：　输入：5 0，输出：1.0000

　　　　　　输入：5 1.57，输出：0.0008

题目要求：

（1）编程实现程序功能，然后以 pro5_2.c 为文件名保存在"第2题"文件夹中。

【提示】

① 本题采用多函数结构，包括 fact() 函数、power() 函数和 main() 函数。

② fact() 函数：使用单重循环求 $n!$（连乘运算），连乘式为"product=product*i"。

③ power() 函数：使用单重循环求 x^n（连乘运算），连乘式为"product=product*x"。

④ main() 函数：累加运算，基本同第1题，需设置一个项符号交替变化的变量 flag。

（2）调试、运行程序，并给出运行结果。

3.【程序示例】程序功能：输入正整数 m 和 n，求 m 和 n 的最大公约数。要求定义并调用函数 gys(m,n) 求 m 和 n 的最大公约数。

题目要求：

（1）阅读下列程序，在指定位置添加语句，完善程序。

```
#include <stdio.h>
int main()          /* main() 函数定义 */
{
    int m,n,j;  /* j: m 与 n 的最大公约数 */

    /* 请在两条星线之间填入相应的代码，声明 gys() 函数 */
    /*******************************************************/
```

```
/***********************************************/
printf("输入两个正整数 m 和 n: ");
scanf("%d%d",&m,&n);

/* 在两条星线间填入相应代码，调用函数 gys()求 m 和 n 的最大公约数 */
/***************************************************/

/***************************************************/

printf("%d 与%d 的最大公约数是%d\n",m,n,j);      /* 输出结果 */
return 0;
}
int gys(int m,int n)              /* gys()函数定义：求 m 和 n 的最大公约数 */
{
    int j;

    /* 请在两条星线间填入相应代码，求 m 和 n 的最大公约数函数 */
    /*****************************************************/

    /*****************************************************/

return j;
}
```

【提示】

① 本题采用多函数结构，包括 gys()函数和 main()函数。

② gys()函数设计。

● 功能：计算并返回两个整数的最大公约数。

● 函数首部：int gys(int m, int n)。

● 参数说明：(int m, int n)，已知条件，表示求最大公约数的两个整数。

● 函数体：设置变量 j，其初值设为 m 和 n 的较小数，然后循环检查 m 和 n 能否同时整除 j，若不能，则将 j 递减 1，继续检查，直到 m 和 n 能同时整除 j 为止，此时 j 就是最大公约数。由于循环次数未知，选用 while 或 do...while 语句。用类 while 语句描述如下：

```
if(m<n)j=m;else j=n;
while(m%j!=0||n%j!=0)
    j--;
```

③ main 函数设计。

● 功能：调用 gys()函数求两个整数的最大公约数，输出结果。

● 函数调用要求：先函数声明，再函数调用。

（2）打开"第 3 题"文件夹中名为 pro5_3.c 的文件，阅读、完善程序并保存。

完善程序段：

```
/* 请在两条星线之间填入相应的代码，声明 gys()函数 */
    int gys(int m,int n);
/* 在两条星线间填入相应代码，调用函数 gys()求 m 和 n 的最大公约数 */
    j=gys(m,n);
```

```
/* 请在两条星线间填入相应代码，求 m 和 n 的最大公约数函数 */
    if(m<n)j=m; else j=n;
    while(m%j!=0||n%j!=0)
        j--;
```

（3）调试、运行程序。

运行结果：

```
输入两个正整数 m 和 n: 18 24
18 与 24 的最大公约数是 6
```

4.【独立编程】程序功能：输入正整数 m 和 n，求 m 和 n 的最小公倍数。要求定义并调用函数 gbs(m,n)求 m 和 n 的最小公倍数。

运行示例： 输入：16 24，输出：48

题目要求：

（1）编程实现程序功能，然后以 pro5_4.c 为文件名保存在"第 4 题"文件夹中。

【提示】

① 本题采用多函数结构，包括 gbs()函数和 main()函数。

② gbs()函数：设置变量 j 代表 m 和 n 的最小公倍数，其初值等于 m 和 n 中较大数，然后循环检查 j 能否同时整除 m 和 n，若不能，则将 j 递加 m 与 n 中的较大数，继续检查，直到 j 能同时整除 m 和 n 为止，此时 j 就是最小公倍数。

③ main()函数：基本同第 3 题。

（2）调试、运行程序，并给出运行结果。

5.【程序示例】程序功能：输入正整数 n，如果它是素数，输出 YES，否则，输出 NO。素数就是只能被 1 和自身整除的正整数，1 不是素数，2 是素数。要求定义并调用函数 prime(n)判断 n 是否为素数。

题目要求：

（1）阅读下列程序，在指定位置添加语句，完善程序。

```
#include <stdio.h>
int main()                 /* main()函数定义 */
{
    int n,flag;            /* flag: 素数标志变量，1 表示素数，0 表示非素数 */

    /* 请在两条星线之间填入相应的代码，声明 prime()函数 */
    /*****************************************************/

    /*****************************************************/

    printf("输入一个正整数 n: ");
    scanf("%d",&n);

    /* 在两条星线间填入相应代码，调用函数 prime()判定 n 是否是素数 */
    /*****************************************************/

    /*****************************************************/

    /* 输出结果 */
    if(flag==1) printf("YES\n");
```

```
        else printf("NO\n");
        return 0;
}
int prime(int n)            /* prime()函数定义:判定n是否素数 */
{
    int i,flag;             /* flag: 素数标志变量, 1表示素数, 0表示非素数 */

    /* 请在两条星线间填入相应代码, 判定n是否是素数 */
    /***********************************************/



    /***********************************************/

    return flag;
}
```

【提示】

① 本题采用多函数结构，包括 prime()函数和 main()函数。

② prime()函数设计。

· 功能：判定某整数是否素数。

· 函数首部：int prime(int n)。

· 参数说明：(int n)，已知条件，表示需要判定素数的整数。

· 函数体：设置素数标志变量 flag，并设置其初值，然后循环检查 n 能否被[2, n/2]区间的整数 i 整除，若能整除（n 非素数），则将 flag 置 0 并退出循环；否则继续循环检查。若都不能整除，则 n 是素数。由于循环次数已知，选用 for 语句。用类 for 语句描述如下：

```
        if(n==1)flag=0;else flag=1;      /* 设置flag初值 */
        for(i=2;i<=n/2;i++)
            if(n%i==0){ flag=0; break; }
```

③ main()函数设计。

· 功能：调用 prime()函数判定某整数是否为素数并输出判定结果。

· 函数调用要求：先函数声明，再函数调用。

（2）打开"第5题"文件夹中名为 pro5_5.c 文件，阅读、完善程序并保存。

完善程序段：

```
/* 请在两条星线之间填入相应的代码, 声明prime()函数 */
    int prime(int n);
/* 在两条星线间填入相应代码, 调用函数prime()判定n是否是素数 *
    flag=prime(n);
/* 请在两条星线间填入相应代码, 判定n是否是素数 */
    if(n==1)flag=0; else flag=1;               /* 设置flag的初值 */
    for(i=2;i<=n/2;i++)
        if(n%i==0){ flag=0; break; }
```

（3）调试、运行程序。

运行结果：

```
输入一个正整数n: 6              输入一个正整数n: 29
NO                             YES
```

6.【独立编程】程序功能：输入正整数 *m* 和 *n*（$1 \leq m \leq n \leq 500$），统计并输出 *m* 到 *n* 之间的素数个数及素数和。素数就是只能被 1 和自身整除的正整数，1 不是素数，2 是素数。要求定义并调用函数 prime(i) 判断 i 是否为素数。

题目要求：

（1）编程实现程序功能，然后以 pro5_6.c 为文件名保存在"第 6 题"文件夹中。

【提示】

① 本题采用多函数结构，包括 prime() 函数和 main() 函数。

② prime() 函数：判定某整数是否素数并返回判定结果。同第 5 题。

③ main() 函数：统计并输出 m 到 n 之间的素数个数及素数和，需要使用单重循环，素数判定需要调用 prime() 函数。

（2）调试、运行程序，并给出运行结果。

7.【程序示例】程序功能：输入长整数 *m* 和 0～9 的数字 *d*，统计并输出 *m* 中包含数字 *d* 的个数。要求定义并调用函数 countdigit(m,d)，统计长整数 *m* 中包含数字 *d* 的个数。例如，调用函数 countdigit(10090,0)，返回 10090 中数字 0 的个数，返回值是 3。

题目要求：

（1）阅读下列程序，在指定位置添加语句，完善程序。

```c
#include <stdio.h>
int main()          /* main()函数定义 */
{
    int count,d;
    long in;

    /* 请在两条星线之间填入相应的代码，声明 countdigit()函数 */
    /*************************************************************/

    /*************************************************************/

    printf("输入一个长整数 m 和一个数字 d: ");
    scanf("%ld%d",&in,&d);

    /* 请在两条星线间填入相应代码，统计长整型变量 in 中包含数字 d 的个数 */
    /* 要求调用 countdigit(number,digit)函数 */
    /*************************************************************/

    /*************************************************************/

    printf("%ld 中包含数字%d 的个数%d\n",in,d,count);
    return 0;
}
int countdigit(long m,int d)          /* 定义 countdigit(m,d)函数 */
{
    int gw,count=0;          /* count: 个数计数器，初值为 0 */
```

```
    /* 请在两条星线间填入相应的代码，求整数 m 中包含数字 d 的个数 */
    /**********************************************************/


    /**********************************************************/

    return count;
}
```

【提示】

① 本题采用多函数结构，包括 countdigit() 函数和 main() 函数。

② countdigit() 函数设计。

- 功能：统计并返回长整数 m 包含数字 d 的个数。
- 函数首部：int countdigit(long m,int d)。
- 参数说明：(long m,int d)，已知条件，m 表示长整数，d 表示数字。
- 函数体：设置计数变量 count，初值为 0，然后循环分离并去掉 m 的末位数，若末位数等于数字 d，则计数变量 count 加 1，直到 m 为 0。由于循环次数未知，选 while 或 do...while 语句。用类 while 语句描述如下：

```
        while(m!=0){                   /* 当 m!=0 时，执行循环 */
            gw=m%10;                   /* 取 m 的末位数 */
            if(gw==d)count++;          /* 计数变量加 1 */
            m=m/10;                    /* 去掉 m 的末位数 */
        }
```

③ main() 函数设计。

- 功能：调用 countdigit(m,d) 函数，统计长整数 m 包含数字 d 的个数，输出结果。
- 函数调用要求：先函数声明，再函数调用。

（2）打开"第 7 题"文件夹中名为 pro5_7.c 的文件，阅读、完善程序并保存。

完善程序段：

```
/* 请在两条星线之间填入相应的代码，声明 countdigit() 函数 */
    int countdigit(long m, int d);
/* 请在两条星线间填入相应代码，统计长整型变量 in 中包含数字 d 的个数 */
    /* 要求调用 countdigit(number,digit) 函数 */
    count=countdigit(in,d);
/* 请在两条星线间填入相应的代码，求整数 m 中包含数字 d 的个数 */
    while(m!=0){                   /* 当 m!=0 时，执行循环 */
        gw=m%10;                   /* 取 m 的末位数 */
        if(gw==d)count++;          /* 计数 */
        m=m/10;                    /* 去掉 m 的末位数 */
    }
```

（3）调试、运行程序。

运行结果：

```
输入一个长整数 m 和一个数字 d: 10103401  1
10103401 中包含数字 1 的个数 3
```

8.【独立编程】程序功能：输入正整数 m 和 n（1≤m≤n≤1000），输出 m 到 n 之间的所有"水仙花"数并统计其个数与总和。"水仙花"数就是满足各数位上数字的立方和等于其本身的数。要求定义并调用函数 is(num)，判定整数 num 是否是"水仙花"数并返回判定结果。

题目要求：

（1）编程实现程序功能，然后以 pro5_8.c 为文件名保存在"第8题"文件夹中。

【提示】

① 本题采用多函数结构，包括 is() 函数和 main() 函数。

② is() 函数：使用单重循环，逐位分离整数 num 的末位数并累加其立方和，直到 num 为 0。

③ main() 函数：使用单重循环结构，输出 m 到 n 之间的所有"水仙花"数并统计其个数与总和。"水仙花"数的判定需要调用 is() 函数。

（2）调试、运行程序，并给出运行结果。

9.【独立编程】程序功能：输入正整数 m 和 n（$1 \leqslant m \leqslant n \leqslant 10000$），输出第 m 项至第 n 项之间所有的 Fibonacci 数。Fibonacci 序列（第1项起）：1 1 2 3 5 8 13 21…要求定义并调用函数 fib(i)，计算并返回第 i 项 Fibonacci 数。例如，fib(7) 的返回值是 13。

题目要求：

（1）编程实现程序功能，然后以 pro5_9.c 为文件名保存在"第9题"文件夹中。

【提示】

① 本题采用多函数结构，包括 fib() 函数和 main() 函数。

② fib() 函数：采用单重循环，从第3项开始，逐项推出第 n 项。递推公式：$f_n=f_{n-1}+f_{n-2}$。

③ main() 函数：使用单重循环，输出第 m 项至第 n 项之间所有的 Fibonacci 数，Fibonacci 数的计算需要调用 fib() 函数。

（2）调试、运行程序，并给出运行结果。

10.【独立编程】程序功能：输入正整数 m 和 n（$1 \leqslant m \leqslant n \leqslant 10000$），输出 m 到 n 之间的所有完数（完数就是因子和与它本身相等的数）。要求定义并调用函数 factorsum(i)，计算机并返回整数 i 的因子和。例如，factorsum(12) 的返回值是 16（1+2+3+4+6）。

题目要求：

（1）编程实现程序功能，然后以 pro5_10.c 为文件名保存在"第10题"文件夹中。

【提示】

① 本题采用多函数结构，包括 factorsum() 函数和 main() 函数。

② factorsum() 函数：求因子和。采用单重循环，逐个检测[1, n/2]区间内的每个整数 i 是否是 n 的因子，若是，则累加 i。

③ main() 函数：使用单重循环，输出第 m 项至第 n 项之间所有的完数，完数的判定需要调用 factorsum 函数计算因子和。

（2）调试、运行程序，并给出运行结果。

11.【独立编程】程序功能：输入正整数 n，将其转换为二进制数并输出转换结果。要求定义并调用函数 dectobin(n)，计算并返回十进制整数 n 对应的二进制数。例如，调用 dectobin(13)，返回 1101。

题目要求：

（1）编程实现程序功能，然后以 pro5_11.c 为文件名保存在"第11题"文件夹中。

【提示】

① 本题采用多函数结构，包括 dectobin() 函数和 main() 函数。

② dectobin() 函数：辗转相除法。采用单重循环，用整数 n 不断除以 2 倒取余数，直到商为 0。倒取余数是指第1次的余数作结果的最低位，最后一次余数作结果的最高位。

例如，13 除以 2 的余数依次是 1、0、1、1，对应的二进制数是 1101，可以看成求多项式 $1 \times 10^3 + 1 \times 10^2 + 0 \times 10^1 + 1 \times 10^0$ 之和。

③ main()函数：调用 dectobin(n)函数，计算并返回整数 n 对应的二进制数，并输出结果。

（2）调试、运行程序，并给出运行结果。

12.【程序示例】程序功能：定义递归函数 fact(n)计算 $n!$的值（$n \geqslant 0$）。在主函数中输入 n，调用递归函数 fact(n)计算并返回 $n!$的值，最后输出结果。

题目要求：

（1）阅读下列程序，在指定位置添加语句，完善程序。

```c
#include <stdio.h>
int main()                             /* main()函数定义 */
{
    int n;
    double t,fact(int n);              /* 函数声明 */

    printf("请输入 n 值: ");
    scanf("%d",&n);

    /* 请在两条星线之间填入相应的代码,调用 fun()函数求 t 的值 */
    /*****************************************************/


    /*****************************************************/

    printf("t=%d!的值: %e\n",n,t);
    return 0;
}
double fact(int n)                     /* 定义递归函数: 求 n! */
{
    double s;

    /* 请在两条星线之间填入相应的代码(注: 使用递归算法) */
    /*****************************************************/


    /*****************************************************/

    return s;
}
```

【提示】

① 本题采用多函数结构，包括 fact()函数和 main()函数。

② fact()函数设计。

● 功能：计算并返回 $n!$。

● 函数首部：int fact(int n)。

● 参数说明：(int n)，已知条件，n 表示需要计算阶乘的整数。

- 函数体：递归函数设计应抓住以下两个关键点。
  - ◆ 递归出口：递归结束条件。
  - ◆ 递归式子：递归表达式。本题的递归式归纳如下：

$$n! = \begin{cases} 1 & (n = 0) \\ n(n-1)! & (n \geq 1) \end{cases}$$

递归函数的实现通常借助分支结构，用类 if 结构描述如下：

```
        if(n==0| n==1) s=1;        /*递归出口*/
        else s=n*fact(n-1);        /*递归式*/
```

③ main()函数设计。

- 功能：调用 fact(n)函数，计算并返回 n!，输出结果。
- 函数调用要求：先函数声明，再函数调用。

（2）打开"第12题"文件夹中名为 pro5_12.c 的文件，阅读、完善程序并保存。

完善程序段：

```
/* 请在两条星线之间填入相应的代码，调用 fun()函数求 t 的值 */
    t=fact(n);
/* 请在两条星线之间填入相应的代码(注：要使用递归算法) */
    if(n==1) s=1;
    else s=n*fact(n-1);
```

（3）调试、运行程序。

运行结果：

```
请输入n值：5
t=5!的值：120
```

13.【独立编程】程序功能：定义递归函数 fun(n)，计算表达式 t=1*3*…*（2n-1）的值（n≥1）。在主函数中输入 n，调用递归函数 fun(n)求出 t 的值，最后输出 t 值。

题目要求：

（1）编程实现程序功能，然后以 pro5_13.c 为文件名保存在"第13题"文件夹中。

【提示】

① 本题采用多函数结构，包括 fun()函数和 main()函数。

② fun()函数：采用递归方法，递归函数设计应抓住以下两个关键点，递归函数的实现通常借助分支结构。

- 递归出口：即递归的结束条件。
- 递归式子：递归表达式。本题的递归式归纳如下。

$$t = f(n) = \begin{cases} 1 & (n = 1) \\ (2n-1) \times f(n-1) & (n > 1) \end{cases}$$

③ main()函数：调用 fun(n)函数计算表达式 1*3*…*（2n-1）的值，输出结果。

（2）调试、运行程序，并给出运行结果。

14.【独立编程】程序功能：定义递归函数 fun(n,x)，求 n 阶勒让德多项式的值。在主函数中输入整数 n（n≥0）和实数 x，调用递归函数 fun(n,x)计算 n 阶勒让德多项式的值，最后输出计算结果。

$$p_n(x) = \begin{cases} 1 & (n = 0) \\ x & (n = 1) \\ ((2n-1) \cdot x - p_{n-1}(x) - (n-1) \cdot p_{n-2}(x))/n & (n > 1) \end{cases}$$

题目要求：

（1）编程实现程序功能，然后以 pro5_14.c 为文件名保存在"第 14 题"文件夹中。

【提示】

① 本题采用多函数结构，包括 fun()函数和 main()函数。

② fun()函数：采用递归方法，递归函数设计应抓住以下两个关键点。

● 递归出口：即递归的结束条件。

● 递归式子：递归表达式。本题的递归式归纳见本题的题干部分。

③ main()函数：调用 fun(n)函数计算并返回 $p_n(x)$ 的值，输出结果。

（2）调试、运行程序，并给出运行结果。

【实验总结】

总结实验过程中遇到的问题，列出解决问题的方法，谈谈体会。

3.6　数组程序设计

3.6.1　一维数组

【实验目的】

1. 熟练掌握使用一维数组编程的方法。

2. 熟练掌握常用算法，如排序算法、查找算法、最值算法等。

【实验内容】

1.【程序示例】程序功能：输入正整数 n（$n \leqslant 10$）和 n 个学生的学号和年龄，输出高出平均年龄的学生信息。

题目要求：

（1）阅读下列程序，在指定位置添加语句，完善程序。

```c
#include <stdio.h>
int main()
{
    int i,n,sum=0;          /* sum: 年龄和 */
    float aver;
    int xh[10],nl[10];   /* 定义学号、年龄数组: xh 和 nl */

    printf("请输入一个正整数 n(n<=10): ");
    scanf("%d", &n);

    printf("请输入%d 个学生的学号与年龄:\n",n);
    /* 在两条星线间填入相应代码，输入 n 个学生学号与年龄，求年龄平均值 */
    /******************************************************************/
```

```
/*****************************************************************/

/* 输出结果 */
printf("年龄超过平均年龄的学生信息\n");
printf("学号  年龄\n");
for(i=0;i<n;i++)
    if(nl[i]>aver)printf("%4d  %4d\n",xh[i],nl[i]);
return 0;
}
```

【提示】

① 学生信息包括学号和年龄，定义两个一维数组 xh[10]和 nl[10]，分别表示学号和年龄。

② 分析变量定义和结果输出，程序设置如下关键变量，含义如下：

- i：循环变量。
- n：学生人数。
- sum：年龄和。
- aver：平均年龄。

③ 算法思想：本题先求年龄和，再求平均年龄。求年龄和通过循环变量 i 控制循环执行 n 次，每次输入一个学生信息（学号、年龄）、累加年龄。本题选用 for 语句，需要确定以下几个问题：

- 循环体：输入一个学生信息（学号、年龄）、累加年龄。
- 循环条件：共循环 n 次，可用"i<n"表示循环条件。

算法用类 for 语句描述如下：

```
for(i=1;i<=n;i++){
    ● 输入第 i 个学生的学号与年龄:xh[i]、nl[i];
    ● 累加第 i 个学生的年龄: sum=sun+nl[i];
}
aver=1.0*sum/n;
```

（2）打开"第1题"文件夹中名为 pro6_1.c 的文件，阅读、完善程序并保存。

完善程序段：

```
for(i=0;i<n;i++){
    scanf("%d%d",&xh[i],&nl[i]);        /* 输入学号、年龄 */
    sum+=nl[i];                          /* 累加年龄 */
}
aver=1.0*sum/n;                          /* 求平均年龄 */
```

（3）调试、运行程序。

运行结果：

```
请输入一个正整数 n(n<=10): 4
请输入 4 个学生的学号与年龄: 1  10  2  20  3  30  4  40
年龄超过平均年龄的学生信息:
学号  年龄
3    30
4    40
```

2.【独立编程】程序功能：随机输入一批（不超过 100 人）学生的学号和身高，统计超过平均身高或身高超过 170 cm 的学生人数并输出相应的学生信息和统计结果。

题目要求：

（1）编程实现程序功能，然后以 pro6_2.c 为文件名保存在"第 2 题"文件夹中。

【提示】阅读理解第 1 题的程序和解题思路，思考以下问题。

① 变量设置：学号数组、身高数组、身高和、平均身高、人数计数器。

② 循环结构选择：for、while 还是 do...while。如何设定循环条件？

③ 如何实现输入一批（不超过 100 人）学生信息？（身高非负数）

（2）调试、运行程序，并给出运行结果。

3.【程序示例】程序功能：输入正整数 n（n≤10）和 n 个互不相同的整数，输出最大值和最小值。

题目要求：

（1）阅读下列程序清单，在指定位置添加语句，完善程序。

```c
#include <stdio.h>
int main()
{
    int i,n,max,min;              /* max: 最大值, min: 最小值 */
    int a[10];

    printf("请输入一个正整数 n(n<=10): ");
    scanf("%d",&n);
    printf("请输入%d 个互不相同的整数: ",n);          /* 输入提示 */
    for(i=0;i<n;i++)
        scanf("%d",&a[i]);

    /* 在两条星线间填入相应代码，求数组 a 中的最大值和最小值 */
    /*********************************************************/



    /*********************************************************/

    printf("max=%d,min=%d\n",max,min);  /* 输出结果 */
    return 0;
}
```

【提示】

① 本题求一维数组（a[10]）的最大值与最小值。需要使用循环结构实现。

② 分析变量定义和结果输出，程序设置如下关键变量，含义如下：

• i：循环变量。

• n：数据个数。

• max：最大值。

• min：最小值。

③ 算法设计：设置数组 a[10]存放 n 个互不相同的整数，max 与 min 的初值为 a[0]。通过循环变量 i 控制循环执行 n-1 次，依次比较 a[i]与 max、min 的大小，确定新的 max 与 min。本题选用 for 语句，需要确定以下几个问题：

• 循环体：比较 a[i]与 max、min 的大小，确定新的 max 与 min。

• 循环条件：共循环 n-1 次，可用"i<n"表示循环条件。

算法用类 for 语句描述如下：

```
max=a[0];min=a[0];          /* 设置最大值与最小值变量的初值 */
for(i=1;i<n;i++){           /* 循环 n-1 次：依次比较求最值 */
    if(a[i]>max)max=a[i];
    if(a[i]<min)min=a[i];
}
```

（2）打开"第 3 题"文件夹中名为 pro6_3.c 的文件，阅读、完善程序并保存。

完善程序段：

```
max=a[0];min=a[0];          /* 假设第 1 个数 a[0] 为最值   */
for(i=1;i<n;i++)    {
    if(a[i]>max)max=a[i];   /* 将 a[i] 赋给最大值        */
    if(a[i]<min)min=a[i];   /* 将 a[i] 赋给最小值        */
}
```

（3）调试、运行程序。

运行结果：

```
请输入一个正整数 n(1<n<=10)：6
请输入 6 个互不相同的整数：10 20 30 40 50 60
max=60, min=10
```

4.【独立编程】程序功能：随机输入一批（不超过 100 个）互不相同且不等于 0 的整数，输出最大值、最小值以及相对应的位置。

（1）编程实现程序功能，然后以 pro6_4.c 为文件名保存在"第 4 题"文件夹中。

【提示】阅读理解第 3 题的程序和解题思路，思考以下问题。

① 变量设置：整数数组 a、最大值下标 index1、最小值下标 index2。

② 循环结构选择：for、while 还是 do...while。如何设定循环条件？（注意：不超过 100 个互不相同且不等于 0 的整数）

③ index1 与 a[index1] 有何关系？index2 与 a[index2] 有何关系？

（2）调试、运行程序，并给出运行结果。

5.【程序示例】程序功能：用辗转相除法将十进制整数转换成二进制数。要求用一维数组 b 存放二进制数的每一位（最低位放在 b[0]），然后输出 b 数组。

题目要求：

（1）阅读下列程序，在指定位置添加语句，完善程序。

```
#include <stdio.h>
int main()
{
    int b[16],t,n,k,r,i;     /* b[16]:存放二进制数，n:十进制数，r:余数, */
                             /* i:循环变量，k:下标 */
    printf("请输入一个十进制整数: ");
    scanf("%d",&n);
    t=n; k=-1;    /* 用 t 暂存 n，k 为数组下标，初值为-1 */
    /* 在两条星线间填入代码，用辗转相除法将十进制数转换为二进制数并存入数组 b */

    /*********************************************************/



    /*********************************************************/
```

```
printf("十进制整数%d转换为二进制数，结果=",t);
for(i=k;i>=0;i--)  printf("%d",b[i]);
printf("\n");   /* 换行 */
return 0;
}
```

【提示】

① 辗转相除法将十进制整数转换成二进制数存于一维数组 b。使用循环结构实现。

② 分析变量定义和结果输出，程序设置如下关键变量，含义如下：

- n：十进制整数。
- k：二进制数位（兼下标）。
- b：二进制数组。

③ 算法设计：设置数组 b[16]存放二进制结果。辗转相除法就是用十进制整数 n 不断整除 2 取余数直到商为 0，每次余数存入 b[k]（注意：第一次余数为最低位，最后一次余数为最高位）。循环次数未知，本题选用 while 语句。需要确定以下几个问题：

- 循环体：n 整除 2 的余数 r、下标 k 加 1、余数 r 赋值于 b[k]、n 整除 2 的商赋于 n。
- 循环条件：直到商为 0，可用 "n!=0" 表示循环条件。

算法用类 while 语句描述如下：

```
k=-1        /* 设置数组下标初值 */
while(n≠0){
      求 n 整除 2 的余数 r
      下标 k 加 1
      将余数 r 赋给 b[k]
      将 n 整除 2 的商赋给 n
}
```

（2）打开 "第 5 题" 文件夹中名为 pro6_5.c 的文件，阅读、完善程序并保存。

完善程序段：

```
while(n!=0){
      r=n%2;
      k++;
      b[k]=r;
      n/=2;
}
```

（3）调试、运行程序。

运行结果：

请输入一个十进制整数：*100*
十进制整数 100 转换为二进制数，结果=1100100

6.【独立编程】程序功能：用辗转相除法将十进制整数转换成任意非十进制数（二、八、十六）。要求用一维数组 b 存放非十进制数的每一位（最低位放在 b[0]），然后输出 b 数组。

（1）编程实现程序功能，然后以 pro6_6.c 为文件名保存在 "第 6 题" 文件夹中。

【提示】阅读理解第 5 题的程序和解题思路，思考以下问题。

① 如何修改第 5 题的 "转换" 程序段代码，使其具有转换任意进制数的功能？

② B 数组的数据类型选择 int 型、还是 char 型？

③ 如何分支输出 b 数组中的 0～9，A～F16 个不同的符号？

（2）调试、运行程序，并给出运行结果。

7.【程序示例】程序功能：设 a 是一维整型数组（最多 10 个元素），各元素的值互异，x 是整数。在数组 a 中查找与 x 相同的元素，若找到，则输出 x 在数组 a 中的下标位置；若未找到，则输出"未找到与 x 相同的元素!"。

题目要求：

（1）阅读下列程序，在指定位置添加语句，完善程序。

```c
#include <stdio.h>
int main()
{
    int i,x,n,a[10];            /* a[10]: 整型数组, x: 待查整数, n: 整数个数 */

    printf("输入要录入的数据个数(最多 10 个): ");
    scanf("%d",&n);
    printf("输入%d 个互不相同的整数: ",n);
    for(i=0; i<n; i++)  scanf("%d", &a[i]);
    printf("输入要查找的整数: ");
    scanf("%d", &x);

    /* 在两条星线间填入代码，在数组 a 中查找与 x 相同的元素 */
    /***********************************************/


    /***********************************************/

    if(i==n) printf( "未找到与%d 相等的元素!\n",x);
    else printf( "和%d 相同的数组元素是 a[%d]=%d\n",x,i,a[i]);
    return 0;
}
```

【提示】

① 本题使用"顺序查找"方法。需要使用循环结构实现。

② 分析变量定义和结果输出，程序设置如下关键变量，含义如下：

- i：循环变量（兼下标）。
- n：整数个数。
- x：待查整数。
- a：整型数组。

③ 算法设计：设置循环变量 i（兼数组下标）。顺序查找法就是从头至尾遍历数组 a，若找到，则退出循环。循环结束，通过比较 i 与 n，判定查找是否成功。循环次数已知，本题选用 for 语句。需要确定以下几个问题：

- 循环体：若找到则退出循环。
- 循环条件：从头至尾，可用"i<n"表示循环条件。

算法用类 while 语句描述如下：

```
for(i=0;i<n;i++)
    if(a[i]==x)break;
if(i==n) 查找失败;
else 查找成功;
```

（2）打开"第7题"文件夹中名为pro6_7.c的文件，阅读、完善程序并保存。

完善程序段：

```
for(i=0; i<n; i++)
    if(a[i]==x) break;
```

（3）调试、运行程序。

运行结果：

```
输入要录入的数据个数(最多10个)：6
输入%d个互不相同的整数：1 2 3 4 5 6
输入要查找的整数：10
未找到与10相等的元素！

输入要录入的数据个数(最多10个)：6
输入6个互不相同的整数：1 2 3 4 5 6
输入要查找的整数：3
和3相同的数组元素是a[2]=3
```

8.【独立编程】程序功能：输入一个正整数 n（$n<9$）和一组（n 个）升序排列的整数，再输入一个整数 x，把 x 插入到这组数据中，使该组数据仍然有序。

题目要求：

（1）编程实现程序功能，然后以"第8题"文件夹中名为 pro6_8.c 的文件。

【提示】阅读理解第7题的程序和解题思路，思考以下问题。

① 程序主要过程：查找 x 位置、空出 x 位置、插入 x。

② 如何查找 x 的位置？实现方法是什么？

③ 如何空出 x 的位置？实现方法是什么？

（2）调试、运行程序，并给出运行结果。

9.【独立编程】程序功能：从键盘上输入一个正整数 n（$n \leqslant 10$）和 n 个互不相同的整数，将最小值与第一个数交换，最大值与最后一个数交换，然后输出交换后的 n 个数。

题目要求：

（1）编程实现程序功能，然后以"第9题"文件夹中名为 pro6_9.c 的文件。

【提示】阅读理解第3题、第4题的程序和解题思路，思考以下问题。

① 变量设置：整数数组 a、最大值下标 index1、最小值下标 index2。

② 循环结构选择：for、while 还是 do...while。如何设定循环条件？

③ index1 与 a[index1]有何关系？index2 与 a[index2]有何关系？

④ 如何实现两个数的交换？

（2）调试、运行程序，并给出运行结果。

10.【独立编程】程序功能：输入一个正整数 n（$n<9$）和一组（n 个）互不相同的整数，再输入一个整数 x，删除这组数据中与 x 相等的数，然后对删除后的这组数据按升序排序并输出排序结果。

题目要求：

（1）编程实现程序功能，然后以 pro6_10.c 为文件名保存在"第10题"文件夹中。

【提示】阅读理解第7题、第8题的程序和解题思路，思考以下问题。

① 程序主要过程：查找 x 位置、删除（覆盖）x 位置的元素。

② 如何查找 x 的位置？实现方法是什么？

③ 如何删除（覆盖）x 位置的元素？实现方法是什么？

④ 如何实现排序？请参考主讲教材中介绍的选择法、冒泡法、插入法等。

（2）调试、运行程序，并给出运行结果。

【实验总结】

总结实验过程中遇到的问题，列出解决问题的方法，谈谈体会。

3.6.2　二维数组与字符串

【实验目的】

1. 熟练掌握使用二维数组编程的方法。

2. 熟练掌握字符串的存储和操作方法。

【实验内容】

1.【程序示例】程序功能：输入两个正整数 m 和 $n(m \leqslant 6$、$n \leqslant 6)$，再输入一个 m 行 n 列整数矩阵，分行统计各行元素和存入一维数组 row，最后输出一维数组 row 的值。

题目要求：

（1）阅读下列程序，在指定位置添加语句，完善程序。

```c
#include <stdio.h>
int main()
{
    int i,j,m,n,a[6][6],row[6];        /* a:矩阵, row:各行元素和 */

    printf("输入 2 个正整数 m 和 n(m≤, n≤6):");
    scanf("%d%d",&m,&n);
    printf("输入%d 行%d 列整数:\n",m,n);
    for(i=0;i<m;i++)
        for(j=0;j<n;j++)
            scanf("%d",&a[i][j]);

    /* 请在两条星线间填入代码，分行计算二维数组 a 中各行元素和，并存入一维数组 row */
    /*******************************************************/



    /*******************************************************/

    printf("各行元素之和分别是:\n");    /* 输出提示 */
    for(i=0;i<m;i++)
            printf("第%d 行元素和=%d\n",i+1,row[i]);
    retrun 0;
}
```

【提示】

① 本题分行求矩阵各行元素之和。需要使用二重循环结构实现。

② 分析变量定义和结果输出，程序设置如下关键变量，含义如下：

- i、j：循环变量（兼下标）。
- a[6][6]：矩阵。
- row[6]：各行元素和。

③ 算法设计：分行求矩阵各行元素之和。让行号 i 从 0 变化到 m-1，每次循环求第 i 行元素之和并存入 row[i]。由于循环次数已知，本题选用 for 语句。需要确定以下几个问题：

- 循环体：求第 i 行元素和并存入 row[i]。
- 循环条件：可用"i<m"表示循环条件。

算法用类 for 语句描述如下：

```
for(i=0;i<m;i++){              /* 行号 i 从 0 变化到 m-1 */
    ● 求第 i 行元素和并存入 row[i];
}
```

如何求第 i 行元素和并存入 row[i]？让列号 j 从 0 变化到 n-1，重复执行 row[i]=row[i]+a[i][j] 操作。由于循环次数已知，本题选用 for 语句。需要确定以下几个问题：

- 循环体：累加 a[i][j]存入 row[i]（累加式：row[i]=row[i]+a[i][j];）。
- 循环条件：可用"j<n"表示循环条件。

算法用类 for 语句描述如下：

```
row[i]=0;                      /* 累加和变量赋初值 0 */
for(j=0;j<n;j++)               /* 列号 j 从 0 变化到 n-1 */
    row[i]=row[i]+a[i][j];     /* 累加第 i 行各元素 */
```

显然，本题需要使用二重循环结构。用类 for 语句表示如下。

```
for(i=0;i<m;i++){              /* 行号 i 从 0 变化到 m-1 */
    row[i]=0;                  /* 累加和变量赋初值 0 */
    for(j=0;j<n;j++)           /* 列号 j 从 0 变化到 n-1 */
        row[i]=row[i]+a[i][j]; /* 累加第 i 行各元素 */
}
```

（2）打开"第 11 题"文件夹中名为 pro6_11.c 的文件，阅读、完善程序并保存。

完善程序段：

```
for(i=0;i<m;i++){              /* 行号 i 从 0 变化到 m-1 */
    row[i]=0;                  /* 累加和变量赋初值 0 */
    for(j=0;j<n;j++)           /* 列号 j 从 0 变化到 n-1 */
        row[i]=row[i]+a[i][j]; /* 累加第 i 行各元素 */
}
```

（3）调试、运行程序。

运行结果：

```
输入 2 个正整数 m 和 n(1<=m, n<=6)：3  4
输入 4 行 4 列整数：
1  1  1  1
2  2  2  2
3  3  3  3
各行元素之和分别是：
第 1 行元素和=4
第 2 行元素和=8
第 3 行元素和=12
```

2.【独立编程】程序功能：输入正整数 n（n≤6），再输入 n 阶方阵 a，分别计算方阵主对角线元素之和、副对角线元素之和、非对角线元素之和。

题目要求：

（1）编程实现程序功能，然后以 pro6_12.c 为文件名保存在"第 12 题"文件夹中。

【提示】阅读并理解第 11 题的解题思路和程序，思考以下问题。

① 建议用一维数组 sum[3]存放计算结果。

② 主对角线元素位置特点：行列下标相同。（主对角线指左上角到右下角连线）

③ 副对角线元素位置特点：行列下标和是常数。（副对角线指右上角至左下角连线）

④ 非对角线位置特点：非主对角线且非副对角线元素。

（2）调试、运行程序，并给出运行结果。

3.【程序示例】程序功能：输入一个正整数 n（n < 10），输出一张 20 以内的加法口诀表。例如，n=5 的输出结果如下。

```
输入一个正整数 n(n<=10): 3
+  1  2  3
1  2
2  3  4
3  4  5  6
```

题目要求：

（1）阅读下列程序，在指定位置添加语句，完善程序。

```c
#include <stdio.h>
int main()
{
    int i,j,n,a[10][10];

    printf("输入一个正整数 n(n<10): ");
    scanf("%d",&n);

    /*在两条星线间填入代码，将加数、被加数、和放入二维数组，其中：加数放在二维数组 */
    /* 第一行，被加数放在二维数组第一列，和放在对应的交叉位置 */
    /********************************************************/



    /********************************************************/

    /* 输出加法口诀表，只输出矩阵下三角 */
    for(i=0;i<=n;i++){
        for(j=0;j<=n;j++)
            if(i==0&&j==0) printf("%-4c", '+');          /* 左上角的+ */
            else if(i==0||j<=i)printf("%-4d", a[i][j]);/* 交叉位置元素 */
        printf("\n");  /* 换行 */
    }
    return 0;
}
```

【提示】

① 本题用二维数组存储加法口诀表，加数放在二维数组的第一行，被加数放在二维数

组的第一列，和放在对应的交叉位置。需要使用二重循环结构实现。

② 分析变量定义和结果输出，程序设置如下关键变量，含义如下：

- j：循环变量（兼下标）。
- n：矩阵阶数。
- a[10][10]：矩阵。

③ 算法设计：遍历二维数组，计算各元素值。数组遍历使用二重循环，本题选用 for 语句，需要确定以下几个问题：

- 外循环：循环变量 i 控制行号从 0 变化到 n-1，每次由内循环计算第 i 行各元素值。
- 内循环：循环变量 j 控制列号从 0 变化到 n-1，分三种情况计算第 i 行各元素值。
    - 第 1 行存放加数。
    - 第 1 列存放被加数。
    - 交叉位置存放和。

遍历算法用类 for 语句表示如下：

```
for(i=0;i<n;i++){              /* 外循环：i 从 0 变化到 n-1，控制行变化 */
    for(j=0;j<n;j++){         /* 内循环：j 从 0 变化到 n-1，控制列变化 */
        ● 第 1 行元素存储加数；
        ● 第 1 列元素存储被加数；
        ● 交叉位置存储和；
    }
}
```

④ 加法口诀表输出：通过二重循环遍历矩阵下三角元素并输出。

（2）打开"第 13 题"文件夹中名为 pro6_13.c 的文件，阅读、完善程序并保存。

完善程序段：

```
for(i=0;i<=n;i++){
    for(j=0;j<=n;j++){
        if(i==0)a[i][j]=j;      /* 第 1 行放加数 */
        if(j==0)a[i][j]=i;      /* 第 1 列放被加数 */
        if(i!=0 && j!=0)a[i][j]=a[i][0]+a[0][j];  /* 交叉位置放和 */
    }
}
```

（3）调试、运行程序。

（4）模仿改写：模仿修改程序，实现减法口诀表、乘法口诀表和除法口诀表的功能。

4.【独立编程】程序功能：输入正整数 n（n≤6）和 n 阶方阵 A，如果 A 是上三角矩阵，输出 YES，否则，输出 NO。例如，n=4 的输出结果如下。（上三角矩阵：主对角线以下元素全 0）

```
输入一个正整数 n(n<=6): 4
输入一个 4 阶方阵 A:
1 0 1 0
0 1 0 1
1 1 0 1
0 0 0 1
NO

输入一个正整数 n(n<=6): 4
```

```
输入一个 4 阶方阵 A:
1 0 1 1
0 1 0 1
0 0 1 0
0 0 0 1
YES
```

题目要求：

（1）编程实现程序功能，然后以 pro6_14.c 为文件名保存在第 "14 题" 文件夹。

【提示】阅读并理解第 13 题的解题思路和程序，思考以下问题。

① 建议用二维数组 a[6][6] 存放方阵 A。

② 上三角矩阵：主对角线下方元素全 0。设置变量 flag，0——非，1——是，初值为 1。

③ 思路提示：遍历矩阵下三角，若出现非 0 元素，则标记 flag 为 0（非上三角矩阵）并退出遍历。遍历结束，通过比较 flag 的值判断是否是上三角矩阵并输出结果。

（2）调试、运行程序，并给出运行结果。

（3）思考：

下三角矩阵、对角线矩阵如何判定。

下三角矩阵：主对角线上方元素都为 0 的矩阵。

对角线矩阵：除对角线元素外其余都为 0 的矩阵。

5.【独立编程】程序功能：输入正整数 n（$n \leqslant 6$）和 n 阶方阵 A，交换方阵 A 中的最大值与最小值位置。假定方阵 A 中的最大值与最小值都唯一。

题目要求

（1）编程实现程序功能，然后以 pro6_15.c 为文件名保存在 "第 15 题" 文件夹中。

【提示】阅读并理解第 13 题的解题思路和程序，思考以下问题。

① 建议用二维数组 a[6][6] 存放方阵 A。

② 如何查找方阵 A 的最大值元素与最小值元素？如何标记位置？

③ 思路提示：遍历矩阵，确定矩阵最大值元素、最小值元素的位置。遍历结束，交换二者位置并输出交换后的结果。

（2）调试、运行程序，并给出运行结果。

6.【独立编程】程序功能：输入正整数 n（$n \leqslant 6$）和 n 阶方阵 A，在方阵 A 中找鞍点，如果找到 A 的鞍点，输出它的下标位置，否则，输出 NO。鞍点就是元素值在行上最大、列上最小的元素。假设 A 中最多 1 个鞍点。

题目要求：

（1）编程实现程序功能，然后以 pro6_16.c 为文件名保存在 "第 16 题" 文件夹中。

【提示】阅读并理解第 13 题的解题思路和程序，思考以下问题。

① 建议用二维数组 a[6][6] 存放方阵 A。

② 如何查方阵中的鞍点？逐行遍历方阵，循环（循环变量 i）每执行一次，查找第 i 行是否有鞍点，若有则输出鞍点位置。

③ 如何查找第 i 行是否有鞍点？先查找第 i 行最大值元素，记录其列下标 col；再查找第 col 列最小值元素，记录其行下标 row。若 row=i，则 [row,col] 为鞍点坐标，否则第 i 行无鞍点。

（2）调试、运行程序，并给出运行结果。

7.【程序示例】程序功能：输入一个字符并回车，再输入一个以回车结束的字符串（少于 80 个字符），输出该字符在字符串中首次出现的下标位置。若无则输出 Not Found。

题目要求：

（1）阅读下列程序，在指定位置添加语句，完善程序。

```c
#include <stdio.h>
#define MAXLEN 80
int main()
{
    int flag,sub,i;        /* flag: 查找标志,1-有, 0-无; sub: 下标位置 */
    char ch,str[MAXLEN];

    printf("请输入一个字符: ");
    ch=getchar();
    getchar();             /* 读回车符 */

    printf("请输入一个以回车结束的字符串: ");
    i=0;
    while((str[i]=getchar())!='\n'&& i<MAXLEN-1) i++;
    str[i]='\0';           /* 设置字符串结束标志 */

    /* 请在两条星线之间填入相应的代码, 在字符串 str 中查找 ch 首次出现的下标位置 */
    /*************************************************************/



    /*************************************************************/

    /* 输出结果 */
    if(flag) printf("%d\n",sub);
    else printf("Not Found\n");
    return 0;
}
```

【提示】

① 本题使用"顺序查找"方法。需要使用循环结构实现。

② 分析变量定义和结果输出，程序设置如下关键变量，含义如下：

- i：循环变量（兼下标）。
- sub：下标位置。
- flag：查找标志,1-有, 0-无。
- str[80]：字符数组。

③ 算法设计：顺序查找法就是从头至尾遍历数组 str，依次检测 str[i]是否是待查字符，若是则设置 flag 为 1、设置 sub 为 i、退出循环。使用循环结构实现，需要确定以下几个问题：

- 循环体：检测 str[i]是否待查字符，若是则设置 flag 为 1、sub 为 i、退出循环。
- 循环条件：字符串结束标志是'\0'，可用 "str[i]!='\0'" 表示循环条件。

算法用类 for 语句描述如下：

```c
for(i=0;str[i]!='\0';i++)
    if(str[i]==ch){        /* 查找成功 */
```

```
            设置 flag 为 1;
            设置 sub 为 i;
            退出;
        };
```

（2）打开"第 17 题"文件夹中名为 pro6_17.c 的文件，阅读、完善程序并保存。

完善程序段：

```
for(i=0;str[i]!='\0';i++)
    if(ch==str[i]){
        flag=1;
        sub=i;
        break;
    }
```

（3）调试、运行程序。

运行结果：

```
请输入一个字符: a
请输入一个以回车结束的字符串: ndnada
3

请输入一个字符: a
请输入一个以回车结束的字符串: gfrtgdrf
Not Found
```

8.【独立编程】程序功能：输入一个字符并回车，再输入一个以回车结束的字符串（少于 80 个字符），输出该字符在字符串中出现的全部下标位置并统计出现的次数；若无则输出 Not Found。

题目要求：

（1）编程实现程序功能，然后以 pro6_18.c 为文件名保存在"第 18 题"文件夹。

【提示】阅读并理解第 17 题的解题思路和程序，思考以下问题。

① 建议用字符数组 str[80]存放字符串，计数变量 count 存放次数。

② 从头到尾遍历 str 数组，逐个测试，若出现则输出下标并计数。

（2）调试、运行程序，并给出运行结果。

9.【程序示例】程序功能：输入一个以回车结束的字符串（少于 80 个字符），滤去所有非十进制字符组成一个新字符串，然后将新字符串转换为十进制整数后输出。

题目要求：

（1）阅读下列程序，在指定位置添加语句，完善程序。

```
#include <stdio.h>
#define MAXLEN 80
int main()
{
    int i,k;                          /* i:原字符串下标,k:新字符串下标 */
    long res;                         /* res: 转换结果 */
    char ch,str[MAXLEN],num[MAXLEN];  /* str: 原字符串, num: 新字符串 */

    printf("请输入一个字符串: ");
    i=0;
```

```
    while((str[i]=getchar())!='\n'&&i<MAXLEN-1)  i++;
    str[i]='\0';                            /*置字符串结束标志*/

    /* 请在两条星线之间填入相应的代码，滤去字符串中所有非十进制字符组成新字符串 */
    /*******************************************************************/


    /*******************************************************************/
    /* 请在两条星线之间填入相应的代码，将新字符串转换为十进制整数 */
    /*******************************************************************/


    /*******************************************************************/
    printf("十进制整数=%ld\n",res);
    return 0;
}
```

【提示】

① 本题包括输入原字符串、过滤生成新字符串、转换求十进制整数、输出结果 4 个过程。输入与输出两个过程已经给出，需要设计过滤与转换两个过程。

② 分析变量定义和结果输出，程序设置如下关键变量，含义如下：

- i：原字符串下标。
- k：新字符串下标。
- res：转换结果。
- str[80]：原字符串。
- num[80]：新字符串。

③ 过滤过程：从头至尾，依次将原字符串 str 中的十进制字符转存到新字符串 num。使用循环结构实现，需要确定以下几个问题：

- 循环体：若 str[i]是合法十进制字符，则存放到 num[k]；否则滤除。
- 循环条件：字符串结束标志是'\0'，可用"str[i]!='\0'"表示循环条件。

算法用类 for 语句描述如下：

```
    for(i=0,k=0;str[i]!='\0';i++)
        if(str[i]是合法十进制字符) num[k++]=str[i];
    num[k]='\0';     /* 置新字符串结束标志 */
```

④ 转换过程：从头至尾，按位累加数组 num 各数位所代表的数。使用循环结构实现，需要确定以下几个问题：

- 循环体：累加数组 num 各数位所代表的数（累加式：res=res*10+(num[i]-48);）。
- 循环条件：字符串结束标志是'\0'，可用"num[i]!='\0'"表示循环条件。

算法用类 for 语句描述如下：

```
    for(i=0,res=0;num[i]!='\0';i++)
        res=res*10+(num[i]-48);
```

（2）打开"第 19 题"文件夹中名为 pro6_19.c 的文件，阅读、完善程序并保存。

完善程序段：

```
/* 请在两条星线之间填入相应的代码，滤去字符串中所有非十进制字符组成新字符串 */
    for(i=0,k=0;str[i]!='\0';i++)
```

```
        if((str[i]>='0'&&str[i]<='9'))num[k++]=str[i];
    num[k]='\0';        /* 置新字符串结束标志 */
/* 请在两条星线之间填入相应的代码，将新字符串转换为十进制整数 */
    for(i=0,number=0;num[i]!='\0';i++)
        number=number*10+(num[i]-48);
```

（3）调试、运行程序。

运行结果：

```
请输入一个字符串：12fsfs34
十进制整数=1234
```

10.【独立编程】程序功能：输入一个以回车结束的字符串（少于 80 个字符），滤去所有的非十六进制字符后，组成一个新字符串，然后将新字符串转换为十进制整数输出。

题目要求：

（1）编程实现程序功能，然后以 pro6_20.c 为文件名保存在"第 20 题"文件夹。

【提示】阅读并理解第 19 题的解题思路和程序，思考以下问题。

① 过滤过程与第 19 题有何不同？如何修改？

② 转换过程与第 19 题有何不同？如何修改？

（2）调试、运行程序，并给出运行结果。

11.【独立编程】程序功能：输入一批以回车结束的字符串（少于 80 个字符），将字符串中的大写字母用下列规则替换，其余字符不变，输出替换后的字符串。

原字母		对应字母	原字母		对应字母	原字母		对应字母
A	→	Z	B	→	Y	C	→	X
D	→	W		……		X	→	C
Y	→	B	Z	→	A			

题目要求：

（1）编程实现程序功能，然后以 pro6_21.c 为文件名保存在"第 21 题"文件夹。

【提示】阅读并理解第 17 题的解题思路和程序，思考以下问题。

① 建议用字符数组 str[80]存放字符串。

② 思路提示：从头到尾遍历 str 数组，逐个测试，若出现大写字母则按规则替换。

思考：替换规则如何用一个表达式表示？

（2）调试、运行程序，并给出运行结果。

12.【独立编程】程序功能：输入一批以回车结束的字符串（少于 80 个字符），统计并输出字符串中大写辅音字母的个数（大写辅音字母是除 A、E、I、O、U 以外的大写字母）。

题目要求：

（1）编程实现程序功能，然后以 pro6_22.c 为文件名保存在"第 22 题"文件夹。

【提示】思考以下问题，寻找本题的解题方法。

① 建议用字符数组 str[80]存放字符串。

② 大写辅音字母的逻辑表达式如何表示？

③ 思路提示：从头到尾遍历 str 数组，逐个测试，若出现大写辅音字母则计数。

（2）调试、运行程序，并给出运行结果。

【实验总结】

总结实验过程中遇到的问题，列出解决问题的方法，谈谈体会。

3.7　指针程序设计

【实验目的】

1. 理解指针、地址和数组间的关系。
2. 掌握通过指针操作数组元素的方法。
3. 掌握数组名作为函数参数的编程方法。

【实验内容】

1.【程序示例】程序功能：输入正整数 n（$n \leqslant 10$）和 n 个整数并存入数组 a，再输入整数 x，在数组 a 中查找 x，若找到则输出对应下标，否则输出 Not found。要求如下：

① 定义 search()函数：在 p 所指数组中查找 x，返回查找结果（返回-1 表示无）。

② 定义 main()函数：输入 n、x 和数组 a，调用 search()函数返回查找结果，输出结果。

题目要求：

（1）阅读下列程序，在指定位置添加语句，完善程序。

```c
#include <stdio.h>
int main()
{
    int i,n,x,a[10],res;              /* res: 函数调用返回结果 */
    int search(int *,int,int);        /* 函数声明 */

    printf("请输入一个正整数（n<=10）: ");
    scanf("%d",&n);
    printf("请输入%d 个整数: ",n);
    for(i=0; i<n; i++) scanf("%d",&a[i]);
    printf("请输入待查找整数: ");
    scanf("%d",&x);

    /* 在两条星线间填入相应代码，调用 search()函数，查找整数 x 在数组 a 中的位置 */
    /**********************************************************/


    /**********************************************************/

    if(res==-1)printf("Not found\n");
    else printf("The position is %d\n", res);
    return 0;
}
int search(int *p,int n,int x)   /* 函数定义 */
{
    int i,pos=-1;                     /* pos: 查找结果，初值为-1 */

    /* 在两条星线间填入相应代码，查找 x 在 p 所指的含 n 个元素的数组中的位置 */
    /**********************************************************/


    /**********************************************************/
```

```
        return pos;                    /* 返回位置 */
}
```

【提示】

① 本题采用多函数结构。search()函数,在 p 所指数组中查找 x 所对应的下标。main()函数,输入 n、x 和数组 a,先调用 search()函数完成查找功能,再输出查找结果。

② search()函数设计。

- 功能:在 p 所指数组中查找 x 所在的下标位置。
- 函数首部:int search(int *p,int n,int x)
- 参数说明:(int *p,int n,int x),3 个已知条件,p 指向实参数组,n 表示实参数组整数个数,x 表示待查整数。
- 函数体:遍历指针 p 所指数组,查找 x 在数组中的下标位置。由于循环次数已知,一般使用 for 语句实现。用类 for 语句表示如下:

```
for(i=0;i<n;i++){
    if(x==p[i]){        /* 查找成功 */
        pos=i;          /* 标记位置 */
        break;          /* 退出循环 */
    }
}
```

③ main()函数设计

- 功能:输入 n、x 和数组 a,先调用 search()函数完成查找,再输出查找结果。
- 函数调用要求:先函数声明,再函数调用。

(2)打开"第 1 题"文件夹中名为 pro7_1.c 的文件,阅读、完善程序并保存。

完善程序段:

```
/* 请在两条星线间填入相应的代码,调用 search() 函数,查找整数 x 在数组 a 中的位置 */
res=search(a,n,x);
/* 请在两条星线间填入相应代码,查找 x 在指针 p 指向的含 n 个元素的数组中的位置 */
for(i=0;i<n;i++)
    if(p[i]==x){
        pos=i;
        break;
    }
```

(3)调试、运行程序。

运行结果:

```
请输入一个正整数(n<=10): 6
请输入 6 个整数: 10 20 30 40 50 60
请输入待查找整数: 80
Not found

请输入一个正整数(n<=10): 6
请输入 6 个整数: 10 20 30 40 50 60
请输入待查找整数: 30
The position is 2
```

2.【独立编程】程序功能:输入正整数 n($n \leqslant 10$)和 n 个整数存入数组 a,再输入整数 x,输出数组 a 中包含 x 的元素下标并统计个数。要求如下:

①　定义 outcount()函数：输出 p 所指实参数组中包含 x 的元素下标并统计个数。

②　定义 main()函数：输入 n、x 和数组 a，先调用 outcount()函数完成输出与统计功能，再输出统计结果。

题目要求：

（1）编程实现程序功能，然后以 pro7_2.c 为文件名保存在 "第 2 题"文件夹中。

【提示】阅读并理解第 1 题的解题思路和程序清单，思考以下问题。

①　本题采用多函数结构。outcount()函数，输出 p 所指实参数组中包含 x 的元素下标并统计个数。main()函数，输入 n、x 和数组 a，先调用 outcount()函数完成输出与统计功能，再输出统计结果。

②　outcount()函数：单重循环，逐个输出 p 所指实参数组中包含 x 的元素下标并统计个数，返回统计结果。

③　main()函数：输入 n、x 和数组 a，先调用 count()函数完成输出下标与统计功能，再输出计数结果。

（2）调试、运行程序，并给出运行结果。

3.【程序示例】程序功能：输入正整数 n（n≤10）和 n 个整数存入数组 a，先用选择排序法对数组 a 按升序排序，再输出排序后的 a 数组。要求如下：

①　定义 sort()函数：用选择排序法对指针 p 所指数组按升序排序。

②　定义 main()函数：输入 n 和数组 a，先调用 sort()函数排序，再输出排序结果。

题目要求：

（1）阅读下列程序，在指定位置添加语句，完善程序。

```c
#include <stdio.h>
int main()
{
    int i,n,a[10];
    void sort(int *,int);    /* 函数声明 */

    printf("请输入一个正整数（n<=10）: ");
    scanf("%d",&n);
    printf("请输入%d 个整数: ",n);
    for(i=0; i<n; i++) scanf("%d",&a[i]);

    /* 请在两条星线之间填入相应的代码，调用 sort()函数，对数组 a 按升序排序 */
    /*********************************************************/

    /*********************************************************/

    printf("The result is: ");
    for(i=0;i<n;i++)printf("%d ",a[i]);  /* 输出排序后的结果 */
    printf("\n");
    return 0;
}
void sort(int *p,int n)   /* 选择法: 对指针 p 所指数组升序排序, n 为数组元素个数 */
{
    int i,j,iMin,temp;
```

```
        /* 请在两条星线间填入相应的代码，用选择法对指针p所指数组按升序排序 */
        /**********************************************************/


        /**********************************************************/
}
```

【提示】

① 本题采用多函数结构。sort()函数，用选择排序法对p所指数组升序排序。main()函数，输入n、x和数组a，先调用sort()函数排序，再输出排序结果。

② sort()函数设计。

- 功能：用选择排序法对p所指数组升序排序。
- 函数首部：void sort(int *p,int n)。
- 参数说明：(int *p,int n)，p指向实参数组，n表示实参数组整数个数。
- 函数体：选择法排序的过程描述如下：
  ◆ Step1：在未排序的n个数（a[0]~a[n−1]）中找最小值元素并与a[0]交换。
  ◆ Step2：在剩下未排序的n−1个数（a[1]~a[n−1]）中找最小值元素并与a[1]交换。
  ……
  ◆ Step$_{n-1}$步：在剩下未排序的2个数（a[n−2]~a[n−1]）中找最小值元素并与a[n−2]交换。

分析选择排序法的过程描述，共进行n−1趟排序，每趟排序先找最小元素位置，再交换位置。整个排序过程需要使用二重循环结构实现，用类for语句描述如下：

```
for(i=0;i<n-1;i++){
    /* 1. 在n-i个元素中找最小值元素的下标iMin。 */
    iMin=i;
    for(j=i+1;j<n;j++)  if(*(p+j)<*(p+iMin))  iMin=j;

    /* 2. 交换a[i]与a[iMin]。 */
    temp=*(p+i);*(p+i)=*(p+iMin);*(p+iMin)=temp;
}
```

③ main()函数设计。

- 功能：输入n、x和数组a，先调用sort()函数排序，再输出排序结果。
- 函数调用要求：先函数声明，再函数调用。

（2）打开"第3题"文件夹中名为pro7_3.c的文件，阅读、完善程序并保存。

完善程序段：

```
    /* 请在两条星线之间填入相应的代码，调用sort()函数，对数组a按照升序排序 */
    sort(a,n);

    /* 请在两条星线间填入相应的代码，用选择法对指针p指向的数组按升序排序 */
    for(i=0;i<n-1;i++){
        /* 1. 在n-i个元素中找最小值元素的下标iMin。 */
        iMin=i;
        for(j=i+1;j<n;j++)  if(*(p+j)<*(p+iMin))  iMin=j;

        /* 2. 交换a[i]与a[iMin]。 */
        temp=*(p+i);*(p+i)=*(p+iMin);*(p+iMin)=temp;
    }
```

（3）调试、运行程序。

运行结果：

```
请输入一个正整数（n<=10）: 5
请输入 5 个整数: 12 10 8 20 30
The result is: 8 10 12 20 30
```

4.【独立编程】程序功能：输入正整数 n（n≤10）和 n 个整数存入数组 a，先用冒泡排序法对数组 a 按降序排序，再输出排序后的 a 数组。要求如下：

① 定义 sort()函数：用冒泡排序法对指针 p 所指数组按升序排序。

② 定义 main()函数：输入 n 和数组 a，先调用 sort()函数排序，再输出排序结果。

题目要求：

（1）编程实现程序功能，然后以 pro7_4.c 为名保存在"第 4 题"文件夹。

【提示】阅读并理解第 3 题的解题思路和程序，思考以下问题。

① 本题采用多函数结构。sort()函数，用冒泡排序法对指针 p 所指数组按降序排序。main()函数，输入 n 和数组 a，先调用 sort()函数排序，再输出排序结果。

② sort()函数：用冒泡法对指针 p 所指数组排序。冒泡法的排序过程描述如下：

• Step$_1$：在未排序的 n 个数（a[0]~a[n-1]）中，相邻元素比较小数后移，直到最小数后移至 a[n-1]位置。

• Step$_2$：在剩下未排序的 n-1 个数（a[0]~a[n-2]）中，相邻元素比较小数后移，直到最小数后移至 a[n-2]位置。

……

• Step$_{n-1}$：在剩下未排序的 2 个数（a[0]~a[1]）中，相邻元素比较小数后移，直到最小数后移至 a[1]位置。

分析冒泡排序法的过程描述，共进行 n-1 趟排序，每趟排序相邻元素比较小数后移。整个排序过程需要使用二重循环结构实现。

③ main()函数：输入 n 和数组 a，先调用 sort()函数排序，再输出排序结果。

（2）调试、运行程序，并给出运行结果。

5.【程序示例】程序功能：连续输入 5 个以空格分隔的字符串（字符串的长度不超过 80），输出长度最长的字符串。例如，输入 li wang zhang jin xiao，输出 zhang。

题目要求：

（1）阅读下列程序清单，在指定位置添加语句，完善程序。

```c
#include <stdio.h>
#include <string.h>
int main()
{
    int i;
    char str[80], long[80],*p;  /* long: 最长字符串 */

    /* 输入第一个字符串 */
    printf("Input 5 strings: ");
    scanf("%s",str);
    p=str;          /* 将指针 p 指向字符串 str */

    /* 请在两条星线之间填入相应的代码，在 5 个字符串中查找最长的字符串 */
    /*******************************************************************/
```

```
   /*****************************************************************/
   printf("The longest string is: %s \n",long);
   return 0;
}
```

【提示】

① 本题求一组字符串中的最长字符串。需要使用循环结构实现。

② 分析变量定义和结果输出，程序设置如下关键变量，含义如下：

- i：循环变量。
- str[80]：输入字符串。
- long[80]：最长字符串。

③ 算法设计：设置 long 初值为第 1 个字符串。通过循环变量 i 控制循环执行 4 次，依次比较 long 字符串与下个 str 字符串的长度，确定新的最长字符串 long。本题选用 for 语句，需要确定以下几个问题：

- 循环体：比较 long 字符串与下个 str 字符串的长度，确定新的最长字符串 long。
- 循环条件：共循环 4 次，可用"i<5"表示循环条件。

算法用类 for 语句描述如下：

```
   strcpy(long,str);     /* 设置 long 的初值为第 1 个字符串 */
   for(i=1;i<5;i++){     /* 重复 4 趟，求最长字符串 */
      ● 输入下一个字符串 str；
      ● 若 str 字符串比 long 字符串长，则新的最长字符串为 str；
   }
```

（2）打开"第 5 题"文件夹中名为 pro7_5.c 的文件，阅读、完善程序并保存。

完善程序段：

```
   strcpy(long,str);
   for(i=1;i<5;i++){
       scanf("%s",p);
       if(strlen(long)<strlen(p))strcpy(longest,p);
   }
```

（3）调试、运行程序。

运行结果：

```
Input 5 strings: li  wang  zhang  jin  xiao
The longest string is: zhang
```

6.【独立编程】程序功能：连续输入 5 个以空格分隔的字符串（字符串的长度不超过 80），输出其中最大的字符串。例如，输入 li wang zhao jin xiao，输出 zha。

题目要求：

（1）编程实现程序功能，然后以 pro7_6.c 为文件名保存在"第 6 题"文件夹。

【提示】阅读并理解第 5 题的解题思路和程序，思考以下问题。

① 字符数组 str[80]存放输入字符串，字符数组 max[80]存放最大字符串。

② 思路提示：设置 max 初值为第 1 个字符串。通过循环变量 i 控制循环执行 4 次，每次输入下一个字符串 str、比较 max 字符串与 str 字符串的大小，确定新的最大字符串 max。

注意：字符串大小比较需要使用字符串比较函数 strcmp(s,t)，请参考相关资料。

（2）调试、运行程序，并给出运行结果。

7.【程序示例】程序功能：输入一个字符 c 和一个字符串 str，统计并输出字符串 str 中出现字符 c 的次数。例如，字符串 liwangzhajinxiao 出现 3 个字符 a。要求如下：

① 定义 countchar()函数：统计并返回字符串 str 中出现字符 c 的次数。

② 定义 main()函数：输入字符 c 和字符串 str，先调用 countchar()函数统计字符串 str 中出现字符 c 的次数，再输出统计结果。

题目要求：

（1）阅读下列程序，在指定位置添加语句，完善程序。

```c
#include <stdio.h>
#include <string.h>
int main()
{
    int count=0;                        /* count: 计数变量，赋初值 0 */
    char c,str[80];                     /* str: 字符数组，存放输入字符串 */
    int countchar(char *p,char c);      /* 函数声明 */

    printf("Input a char: ");
    scanf("%c",&c);                     /* 读入一个字符 */
    printf("Input a strings: ");
    scanf("%s",str);                    /* 读入一个字符串 */

    /* 请在两条星线间填入相应代码，调用 countchar()函数获得统计结果 */
    /***********************************************************/

    /***********************************************************/

    printf("The result is: %d \n",count);
    return 0;
}
int countchar(char *p,char c)     /* 计数函数：计数字符 c 在字符串 s 中出现次数 */
{
    int res=0;                    /* res: 字符计数器，赋初值 0 */

    /* 请在两条星线间填入相应的代码，统计指针 p 所指字符串中出现 c 字符的次数   */
    /***********************************************************/

    /***********************************************************/

    return res;
}
```

【提示】

① 本题采用多函数结构。countchar()函数，统计指针 p 所指字符串中出现 c 字符的次数。main()函数，输入字符 c 和字符串 str，先调用 countchar()函数统计字符串 str 中出现字符 c 的次数，再输出统计结果。

② countchar()函数设计。

• 功能：统计指针 p 所指字符串中出现 c 字符的次数。

- 函数首部：int countchar(int *p,char c)
- 参数说明：(int *p,char c)，2 个已知条件，p 指向实参字符串，c 表示实参字符。
- 函数体：遍历指针 p 所指字符串，统计字符串中出现 c 字符的次数。由于循环次数未知，一般使用 while 语句实现，需要确定以下几个问题：
  - ◆ 循环体：判定当前字符并计数、移动当前字符位置。
  - ◆ 循环条件：字符串结束字符是'\0'，可用 "*p!='\0'" 表示循环条件。

算法用类 while 语句表示如下：

```
while(*p!='\0'){
    if(*p==c) res++;
    p++;
}
```

③ main()函数设计。

- 功能：输入字符 c 和字符串 str，先调用 countchar()函数统计字符串 str 中出现字符 c 的次数，再输出统计结果。
- 函数调用要求：先函数声明，再函数调用。

（2）打开"第 7 题"文件夹中名为 pro7_7.c 的文件，阅读、完善程序并保存。

完善程序段：

```
/* 请在两条星线间填入相应代码，调用 countchar()函数获得统计结果 */
    count=countchar(str,c);

/* 请在两条星线间填入相应的代码，统计字符串 p 中出现 c 字符的次数 */
    while(*p!='\0'){
        if(*p==c)res++;
        p++;
    }
```

（3）调试、运行程序。

运行结果：

```
Input a char: a
Input a strings: jgfhjaahvhvaa
The result is: 4
```

8.【独立编程】程序功能：输入一个字符 c 和一个字符串 str，删除字符串 str 中所有 c 字符，然后输出删除后的字符串。例如，删除字符串 liwangzhajinxiaoa 中字符 a，输出 liwngzhjinxio。要求如下：

① 定义 delchar()函数：删除字符串 str 中所有 c 字符。

② 定义 main()函数：输入字符 c 和字符串 str，先调用 delchar()函数删除字符串 str 中所有 c 字符，再输出删除后的字符串。

题目要求：

（1）编程实现程序功能，然后以 pro7_8.c 为文件名保存在"第 8 题"文件夹。

【提示】阅读并理解第 7 题的解题思路和程序，思考以下问题。

① 字符数组 str[80]存放输入字符串。

② 要求使用多函数结构。delchar()函数，删除字符串 str 中所有 c 字符。供主函数调用。

③ delchar()函数思路提示：删除字符串中指定字符的基本步骤包括：

- Step$_1$：过滤掉字符串 s 中的指定字符并存入到字符串 t。

- Step₂：将字符串 t 复制给字符串 s。

（2）调试、运行程序，并给出运行结果。

9.【独立编程】程序功能：输入字符串 s 和开始位置 m，将字符串 s 从第 m 个字符开始选择性复制到字符串 t，然后输出字符串 t。例如，输入字符串 liwangzhajinxiao 和开始位置 2，输出 wangzhajinxiao。要求如下：

① 定义 strmcpy()函数：将字符串 s 从第 m 个字符开始选择性复制到字符串 t。

② 定义 main()函数：输入字符串 s 和开始位置 m，先调用 strmcpy()函数将字符串 s 从第 m 个字符开始选择性复制到字符串 t，再输出字符串 t。

题目要求：

（1）编程实现程序功能，然后以 pro7_9.c 为文件名保存在"第 9 题"文件夹。

【提示】思考以下问题。

① 字符数组 s[80]存放输入字符串，字符数组 t[80]存放复制字符串。

② 要求使用多函数结构。strmcpy()函数，将字符串 s 从第 m 个字符开始选择性复制到字符串 t。

③ strmcpy()函数思路提示：选择性复制字符串的基本步骤包括：

- Step₁：定位 s 字符串中第 m 个字符的位置 p。
- Step₂：从 p 位置开始逐个字符复制到字符串 t。

（2）调试、运行程序，并给出运行结果。

10.【独立编程】程序功能：输入 5 个字符串，按字典顺序输出 5 个字符串。例如，输入字符串 Li Xiao Wang Zhang Yu，输出 Zhang Yu Xiao Wang Li。要求如下：

① 定义 sort()函数：实现对 5 个字符串按字典顺序排序。

② 定义 main()函数：输入 5 字符串，先调用 sort()函数对 5 个字符串按字典顺序排序，再输出排序结果。

题目要求：

（1）编程实现程序功能，然后以 pro7_10.c 为文件名保存在"第 10 题"文件夹中。

【提示】思考以下问题。

① 字符数组 s[80]存放输入字符串，字符数组 t[80]存放复制字符串。

② 要求使用多函数结构。sort()函数，按字典顺序排序 5 个字符串。

③ sort()函数思路提示：

- 函数原型：void sort(char (*p)[80], int n)。
- 功能：对 p 所指向的 n 个字符串按字典顺序排序。
- 算法设计：可以采用选择法，也可采用冒泡法。请参考相关案例。

（2）调试、运行程序，并给出运行结果。

11.【程序示例】程序功能：输入一行文字，统计其中的单词个数，单词之间用空格分隔开。例如，输入 I am a student，输出 4。

题目要求：

（1）阅读下列程序，在指定位置添加语句，完善程序。

```c
#include <stdio.h>
#include <string.h>
int main()
{
```

```
    int i,num=0,flag=0;        /* num:单词计数器, flag:单词开始标志, 取值0或1 */
    char str[80],*p=str;       /* str:输入字符串(一行文字) */

    printf("Input a line char: ");
    gets(p);                   /* 输入一行字符串 */

    /* 请在两条星线间填入相应的代码, 统计其中的单词个数, 单词之间用空格分隔开 */
    /**********************************************************************/

    /**********************************************************************/

    printf("There are %d words in the line.\n",num);
}
```

【提示】

① 本题使用"顺序查找"方法。需要使用循环结构实现。

② 分析变量定义和结果输出,程序设置如下关键变量,含义如下:

- num:单词计数器。
- flag:单词开始标志。
- str[80]:输入字符串(一行文字)。
- p:指针变量,指向str。

③ 算法设计:从头至尾遍历指针 p 所指字符串 str,查找单词并统计单词个数。若单词开始,则置 flag 为 1 并且单词计数器加 1;若同一单词,则保持 flag 不变;若是空格(单词结束),则置 flag 为 0。由于循环次数未知,采用 while 语句。需要确定以下几个问题:

- 循环体:检测指针所指当前字符确定单词状态、移动指针位置。
- 循环条件:字符串结束标志是'\0',可用 "*p!='\0'" 表示循环条件。

算法用类 while 语句描述如下:

```
while(*p!='\0'){
    if(*p==' ')flag=0;                /* 单词结束 */
    else if(flag==0){flag=1;num++;}   /* 单词开始 */
    else ;                            /* 同一单词 */
    p++;                              /* 移动位置 */
}
```

【提示】字符串单词计数的算法设计。

(2)打开"第11题"文件夹中名为 pro7_11.c 的文件,阅读、完善程序并保存。

完善程序段:

```
while(*p!='\0'){
    if(*p==' ')flag=0;                /* 单词结束 */
    else if(flag==0){flag=1;num++;}   /* 单词开始 */
    else ;                            /* 同一单词 */
    p++;                              /* 移动位置 */
}
```

(3)调试、运行程序。

运行结果:

```
Input a line char: I am a student
There are 4 words in the line.
```

12.【独立编程】程序功能：输入一行字符串，将每个单词中的第一个字母改成大写字母（如果已经是大写则不变）。例如，输入 I am a student，输出 I Am A Student。

题目要求：

（1）编程实现程序功能，然后以 pro7_12.c 为文件名保存在"第 12 题"文件夹。

【提示】阅读并理解第 11 题的解题思路和程序清单，思考以下问题。

① 本题与第 11 题相同点：都使用顺序查找单词的算法，程序基本结构相同。

② 建议设置 3 个关键变量：flag、p 和 str[80]。

• flag：单词开始标志。

• str[80]：输入字符串。

• p：指针变量，指向 str。

③ 算法思路：从头至尾遍历指针 p 所指字符串 str，查找单词并修改单词首字符。

（2）调试、运行程序，并给出运行结果。

13.【独立编程】程序功能：判断输入的字符串是否是"回文"。所谓"回文"，是指顺读和倒读都一样的字符串。例如，"XYZYX" "xyzzyx"都是回文，而"abcdef"则不是回文。

题目要求：

（1）编程实现程序功能，然后以 pro7_13.c 为文件名保存在"第 13 题"文件夹。

【提示】思考以下问题，寻找本题的解题方法。

① 建议设置下面 4 个关键变量 str[80]、p、i 和 j。

• s[80]：输入字符串。

• p：指针变量，指向 s。

• i：顺读位置，从字符串首开始往后变化，初值为首字符下标值 0。

• j：倒读位置，从字符串尾开始往前变化，初值为尾字符下标值（strlen(s)−1）。

② 设置位置变量 i、j 初值，循环比较 i 位置字符与 j 位置字符，若不同，则表示字符串不是回文，退出循环；若相同，则位置 i 后移，位置 j 前移，继续循环，直到 i>j。循环结束，若 i>j，则字符串是"回文"，否则字符串"非回文"。

（2）调试、运行程序，并给出运行结果。

【实验总结】

总结实验过程中遇到的问题，列出解决问题的方法，谈谈体会。

3.8　结构体程序设计

【实验目的】

1. 掌握结构类型的概念与定义方法。
2. 掌握结构变量的定义与基本使用方法。
3. 掌握结构数组的概念以及结构数组作为函数参数的编程方法。
4. 掌握结构指针的概念以及结构指针作为函数参数的编程方法。

【实验内容】

1.【程序示例】程序功能：输入一个日期，计算并输出该日期对应该年份第几天。要求如下：

① 定义 CopmuteDays()函数：计算并返回某日期对应该年份第几天。

② 定义 main()函数：输入一个日期 d，调用 CopmuteDays()函数计算并返回某日期对应该年第几天，输出返回结果。

题目要求：

（1）阅读下列程序，在指定位置添加语句，完善程序。

```c
#include <stdio.h>
struct Date{
        int year;           /* 年 */
        int month;          /* 月 */
        int day;            /* 日 */
};
int main()
{
    int n;                                       /* 计算结果保存变量 */
    struct Date d;
    int ComputeDays(struct Date m);              /* 函数声明 */

    printf("请输入一个日期（年 月 日）: ");
    scanf("%d%d%d", &d.year,&d.month,&d.day);    /* 输入一个日期 */

    /* 在两条星线间填入相应代码，调用 ComputeDays()函数计算日期 d 对应该年第几天 */
    /*************************************************************/

    /*************************************************************/
    printf("%d-%d-%d is the %d days.\n",d.year,d.month,d.day,n);
    return 0;
}
int ComputeDays(struct Date m)    /* 函数定义：计算某日期是该年第几天 */
{
    int i,num= m.day,flag;    /* num: 天数（初值为 m.day），flag: 闰年标记 */

    /* 判定闰年: 闰年设为 1，非闰年设为 0 */
    if((m.year%4==0&&m.year%100!=0)||(m.year%400==0))flag=1;
    else flag=0;

    /* 在星线间填入代码，计算某日期 m 对应该年第几天(注意闰年) */
    /*************************************************************/

    /*************************************************************/

    return num;
}
```

【提示】

① 本题采用多函数结构。CopmuteDays()函数，计算并返回某日期对应该年份中的第几天。main()函数，输入一个日期 d，调用 CopmuteDays()函数计算并返回某日期对应该年第几天，输出返回结果。

② CopmuteDays()函数设计。

- 功能：计算并返回某日期对应该年第几天。
- 函数首部：int ComputeDays(struct Date m)。
- 参数说明：(struct Date m)，1 个已知条件，某日期。
- 函数体：采用循环累加方法，累加从 1 月至某月止各月份的天数。由于循环次数已知，一般使用 for 语句实现。用类 for 语句表示如下。

```
for(i=1;i<m.month;i++){
    ● 若月份 i 是 1、3、5、7、8、10、12，则 num 加 31；
    ● 若月份 i 是 4、6、9、11，则 num 加 30；
    ● 若月份 i 是 2，则闰年 num 加 29，非闰年 num 加 28；
}
```

③ main()函数设计。

- 功能：输入一个日期 d，调用 CopmuteDays()函数计算并返回某日期 d 对应该年第几天。
- 函数调用要求：先函数声明，再函数调用。

（2）打开"第 1 题"文件夹中名为 pro8_1.c 的文件，阅读、完善程序并保存。

完善程序段：

```
/* 在星线间填入代码，调用 ComputeDays()函数计算并返回日期 d 对应该年第几天 */
n=ComputeDays(d);

/* 在星线间填入代码，计算某日期 m 对应该年第几天(注意闰年) */
for(i=1;i<m.month;i++)
    switch(i){
        case 1:case 3:case 5:case 7:case 8:case 10:case 12:
                num=num+31;break;
        case 4:case 6:case 9:case 11:
                num=num+30;break;
        case 2:if(flag==1)num=num+29;else num=num+28;
    }
```

（3）调试、运行程序。

运行结果：

```
请输入一个日期(年 月 日):2000 3 1
2000-3-1 is the 61 days.

请输入一个日期(年 月 日): 2001 3 1
2001-3-1 is the 60 days.
```

2.【独立编程】程序功能：某渔民从 1900 年 1 月 1 日起，按照"三天打鱼，两天晒网"的工作规则，判断并输出某指定日期的工作状态（打鱼或晒网）。要求如下：

① 定义 FishNet 函数：计算并返回某指定日期的工作状态（打鱼--1，晒网--0）。

② 定义 main 函数：输入一个日期 d，调用 FishNet 函数计算并返回指定日期 d 的工作状态，输出计算结果。

题目要求：

（1）编程实现程序功能，然后以 pro8_2.c 为文件名保存在"第 2 题"文件夹。

【提示】阅读并理解第 1 题的解题思路和程序清单，思考以下问题。

① 本题采用多函数结构。FishNet 函数，计算并返回某指定日期的工作状态（打鱼--1，

晒网--0）。main 函数，输入一个日期 d，先调用 FishNet 函数计算并返回某指定日期的工作状态，再输出返回结果。

② FishNet 函数：先单重循环计算某日期 d 距 1900-1-1 的总天数(注意闰年)，再按工作规则计算总天数的工作状态（注意判定条件），最后返回计算结果。

③ main 函数：输入一个日期 d，调用 FishNet 函数计算并返回指定日期 d 的工作状态，输出返回结果。

（2）调试、运行程序，并给出运行结果。

3.【独立编程】程序功能：定义日期结构体类型 Date，输入年份 year 和天数 days，计算并输出天数 days 所对应的日期。要求如下：

① 定义 ComputeDate()函数：计算并返回天数 days 所对应的日期。

② 定义 main()函数：输入年份 year 和天数 days，调用 ComputeDate()函数计算并返回天数 days 所对应的日期，输出返回结果。

题目要求：

（1）编程实现程序功能，然后以 pro8_3.c 为文件名保存在"第 3 题"文件夹。

【提示】阅读并理解第 1、2 题的解题思路和程序，思考以下问题。

① 本题采用多函数结构。ComputeDate()函数，计算并返回天数 days 所对应的日期。main()函数，输入年份 year 和天数 days，调用 ComputeDate()函数计算并返回天数 days 所对应的日期，输出返回结果。

② ComputeDate()函数：先单重循环计算天数 days 对应的月与日（注意闰年），再以年、月和日构建一个 Date 类型的变量 date，最后返回 date。

（2）调试、运行程序，并给出运行结果。

4.【程序示例】程序功能：定义学生结构体 Student（含学号、姓名、成绩和成绩等级），输入 10 个学生的学号、姓名和成绩，设置学生成绩等级、统计不及格人数，输出全部学生信息及统计结果。要求如下：

① 成绩等级规则：90 及以上为 A、大于等于 80 为 B、大于等于 70 为 C、大于等于 60 为 D、60 以下为 E。

② 定义 SetGrade()函数：设置学生成绩等级，统计并返回不及格学生人数。

③ 定义 main()函数：输入 10 个学生的学号、姓名和成绩，调用 SetGrade()函数设置学生成绩等级、统计并返回不及格人数，输出全部学生信息及统计结果。

题目要求：

（1）阅读下列程序，在指定位置添加语句，完善程序。

```c
#include <stdio.h>
#define N 10
struct Student{
    int  num;            /* 学号 */
    char name[20];       /* 姓名 */
    int  score;          /* 成绩 */
    char grade;          /* 等级 */
};
int main()
{
    int i,count;                    /* count: 不及格人数 */
```

```
    struct Student s[N];
    int SetGrade(struct Student *p);      /* 函数声明 */

    printf("请输入%d 个学生的学号、姓名和成绩: \n",N);
    for(i=0;i<N;i++){
        printf("No %d: ",i+1);
        scanf("%d%s%d",&s[i].num,s[i].name,&s[i].score);
    }

    /* 在两条星线间填入代码, 调用 SetGrade()函数设置成绩等级和统计不及格人数 */
    /*********************************************************/


    /*********************************************************/

    printf("不及格人数（<60）: %d 人.\n",count);
    printf("%d 个学生的学号、姓名、成绩和成绩等级: \n",N);
    for(i=0;i<N;i++) printf("%6d%20s%6d%6c\n",s[i].num,
            s[i].name,s[i].score,s[i].grade);
    return 0;
}
int SetGrade(struct Student *p) /* 函数定义: 设置成绩等级和统计不及格人数 */
{
    int i,n;                        /* n: 不及格人数计数器 */

    /* 请在两条星线间填入代码, 设置学生成绩等级并统计不及格学生人数 */
    /*********************************************************/


    /*********************************************************/

    return n;
}
```

【提示】

① 本题采用多函数结构。SetGrade()函数，设置学生成绩等级，统计并返回不及格学生人数。main()函数，输入 10 个学生的学号、姓名和成绩，调用 SetGrade()函数设置学生成绩等级、统计并返回不及格人数，输出全部学生信息及统计结果。

② SetGrade()函数设计。

- 功能：设置学生成绩等级，统计并返回不及格学生人数。
- 函数首部：int SetGrade(struct Student *p)。
- 参数说明：(struct Student *p)，1 个已知条件，结构体指针，指向实参数组。
- 函数体：采用单重循环结构，逐个设置成绩等级并累加不及格人数。由于循环次数已知，一般使用 for 语句实现。用类 for 语句表示如下。

```
    n=0;              /* 计数器初值为 0 */
    for(i=0;i<N;i++)
        分类设置成绩等级并统计不及格人数;
```

③ main()函数设计。

- 功能：输入 10 个学生的学号、姓名和成绩，调用 SetGrade()函数设置学生成绩等级、统计并返回不及格人数，最后输出全部学生信息及统计结果。

● 函数调用要求：先函数声明，再函数调用。

（2）打开"第4题"文件夹中名为 pro8_4.c 的文件，阅读、完善程序并保存。

完善程序段：

```
/* 在星线间填入代码，调用 SetGrade() 函数设置成绩等级和统计不及格人数 */
count=SetGrade(s);

/* 在星线间填入代码，设置学生成绩等级并统计不及格学生人数 */
for(i=0;i<N;i++,p++)
    if(p->score>=90)p->grade='A';
    else if(p->score>=80)p->grade='B';
    else if(p->score>=70)p->grade='C';
    else if(p->score>=60)p->grade='D';
    else {p->grade='E';n++;}
```

（3）调试、运行程序。

运行结果：略

5.【独立编程】程序功能：定义学生结构体 Student（含学号、姓名、成绩和成绩等级），输入 10 个学生的学号、姓名和成绩，设置学生成绩等级、统计各等级人数、计算平均成绩，输出全部学生信息及统计结果。要求如下：

① 成绩等级规则：90 及以上为 A、大于等于 80 为 B、大于等于 70 为 C、大于等于 60 为 D、60 以下为 E。

② 定义 main() 函数：输入 10 个学生的学号、姓名和成绩，调用 SetGrade() 函数设置学生成绩等级、统计各等级人数、计算平均成绩，输出全部学生信息及统计结果。

③ 定义 SetGrade() 函数：设置学生成绩等级，统计各等级人数，计算平均成绩。

题目要求：

（1）编程实现程序功能，然后以 pro8_5.c 为文件名保存在"第5题"文件夹。

【提示】阅读并理解第 4 题的解题思路和程序，思考以下问题。

① 本题采用多函数结构。SetGrade() 函数，设置学生成绩等级，统计各等级人数，计算平均成绩。main() 函数，输入 10 个学生的学号、姓名和成绩，调用 SetGrade() 函数设置学生成绩等级、统计各等级人数、计算平均成绩，最后输出全部学生信息及统计结果。

② SetGrade() 函数。

● 原型设计：由于返回多个值，需要精心设计函数的形参和返回值。

● 算法思路：采用单重循环结构，逐个设置学生成绩等级、分类计数各等级人数、累加总成绩，最后计算平均成绩。

（2）调试、运行程序，并给出运行结果。

6.【独立编程】程序功能：定义学生结构体 Student（含学号、姓名、成绩），输入一批（10 个）学生的学号、姓名和成绩，按成绩降序对学生数据进行排序，输出排序后的学生全部信息。要求如下：

① 定义 sort() 函数：按成绩降序对学生数据进行排序。

② 定义 main() 函数：输入一批（10 个）学生的学号、姓名和成绩，调用 sort() 函数对学生数据按成绩降序排序，输出排序后的学生全部信息。

题目要求：

（1）编程实现程序功能，然后以 pro8_6.c 为文件名保存在"第 6 题"文件夹。

【提示】阅读有关"选择排序法"或"冒泡排序法"的相关资料，思考以下问题。

① 本题采用多函数结构。sort()函数，按成绩降序对学生数据进行排序。main()函数，输入一批（10 个）学生的学号、姓名和成绩，调用 sort()函数对学生数据按成绩降序排序，输出排序后的学生全部信息。

② sort()函数。

- 原型设计：数组参数，传址形式。
- 算法思路："选择排序法"或"冒泡排序法"，请参考相关资料。

（2）调试、运行程序，并给出运行结果。

7.【独立编程】程序功能：定义时间结构体 Time（含时、分、秒），输入两个时间（时、分、秒），计算两个时间的时间差，输出计算结果（以时、分、秒的形式输出）。要求如下：

① 定义 TimeDiff()函数：计算并返回两个时间的时间差。

② 定义 main()函数：输入两个时间（时、分、秒），调用 TimeDiff()函数计算并返回两个时间的时间差，输出计算结果（以时、分、秒的形式输出）。

题目要求：

（1）编程实现程序功能，然后以 pro8_7.c 为文件名保存在"第 7 题"文件夹。

【提示】思考以下问题，寻找本题解题方法。

① 本题采用多函数结构。TimeDiff()函数，计算并返回两个时间的时间差。main 函数，输入两个时间（时、分、秒），调用 TimeDiff()函数计算并返回两个时间的时间差，输出计算结果（以时、分、秒的形式输出）。

② TimeDiff()函数。

- 原型设计：struct Time TimeDiff(struct Time t1, struct Time t2)。
- 算法思路：先计算 t1 和 t2 的时间差 td，再将 td 转换为时、分、秒。其中：
  - ◆ 时间差的计算问题：转换为统一单位（如秒）后再计算。
  - ◆ 时间差转换为时、分、秒的问题：考虑用整数的/和%运算。

（2）调试、运行程序，并给出运行结果。

【实验总结】

总结实验过程中遇到的问题，列出解决问题的方法，谈谈体会。

3.9 链表程序设计

【实验目的】

1. 掌握单向链表的概念和建立方法。
2. 掌握单向链表的基本操作。
3. 掌握单向链表的编程应用。

【实验内容】

1.【程序示例】程序功能：建立头指针是 list 的职工单向链表，链表结点包含姓名、工资，输出链表中最高工资的职工信息。要求如下：

① 定义 maxNode()函数：查找并返回链表中最高工资结点。
② 定义 main()函数：建立职工单向链表 list（注：工资为 0，结束输入），调用 maxNode()
函数查找并返回链表中最高工资结点，输出最高工资结点信息。
题目要求：
（1）阅读下列程序，在指定位置添加语句，完善程序。

```c
#include <stdio.h>
#include <stdlib.h>
#include <string.h>
struct empNode{                            /* 职工结点 */
    char name[20];                         /* 姓名      */
    int salary;                            /* 基本工资  */
    struct emp_node *next;                 /* 结点指针  */
};
int size=sizeof(struct empNode);           /* 结点大小 */
int main()
{
    struct empNode *list,*p=NULL,*q=NULL,*tail=NULL;
    char name[20];
    int salary,n=0;                                      /* n: 计数器赋 0 */
    struct empNode * maxList(struct emp_node *list);     /* 函数声明 */

    /* 建立链表 list */
    list=NULL;                                           /* 设置链表为空表 */
    printf("输入姓名和工资(工资为 0，结束输入):\n");
    scanf("%s%d",name,&salary);
    while(salary!=0){
        n++;                                             /* 计数器加 1 */
        p=(struct empNnode *)malloc(size);               /* 申请新结点 */
        strcpy(p->name,name);p->salary=salary;p->next=NULL;
        if(n==1)list=p;  else tail->next=p;              /* 链入新结点 */
        tail=p;                                          /* 尾指针后移 */
        scanf("%s%d",name,&salary);
    }

    /* 在两条星线间填入相应代码，调用 maxNode()函数查找链表中最高工资结点 */
    /*********************************************************************/

    /*********************************************************************/

    /* 输出查找结果 */
    printf("最高工资的职工信息:\n");
    printf("姓名: %s    工资: %d\n",q->name,q->salary);
    return 0;
}
struct empNode * maxList(struct empNode *list)  /* 函数定义 */
{
    struct empNode *max=list,*p=list;                   /* max: 指向最高工资结点 */

    /* 在两条星线间填入相应代码，查找链表中最高工资的职工信息 */
    /*********************************************************************/
```

```
    /*************************************************************/

return max;
}
```

【提示】

① 本题采用多函数结构，包括 maxList()函数和 main()函数。maxList()函数，查找并返回链表中最高工资结点。main()函数，建立单向职工链表 list，调用 maxList()函数查找并返回链表中最高工资结点，输出最高工资结点信息。

② 分析变量定义和结果输出，程序设置如下关键变量，含义如下：

- list：链表头指针。
- q：指向工资最大结点。
- tail：链表尾指针。

③ maxList()函数设计。

- 功能：查找并返回链表中最高工资结点。
- 函数首部：struct empNode * maxList(struct emp_node *list)
- 参数说明：(struct emp_node *list)，已知条件，链表头指针。
- 函数体：从链表头开始，遍历链表查找并标记最高工资结点，直到链表结束。由于循环次数未知，使用 while 语句实现。算法用类 while 结构描述如下。

```
while(p!=NULL){
    if(p->salary>max->salary) max=p;
    p=p->next;
}
```

④ main()函数设计。

- 功能：建立单向职工链表 list，调用 maxList()函数查找并返回链表中最高工资结点，输出最高工资结点信息。
- 函数调用要求：先函数声明，再函数调用。

（2）打开"第 1 题"文件夹中名为 pro9_1.c 文件，阅读、完善程序并保存。

完善程序段：

```
/* 在两条星线间填入相应代码，调用 maxList()函数查找链表中最高工资结点 */
q=maxList(list);
/* 在两条星线间填入相应代码，查找链表中最高工资结点 */
while(p!=NULL){
    if(p->salary>max->salary)max=p;
    p=p->next;
}
```

（3）调试、运行程序。

运行结果：

```
请输入职工姓名和工资(工资为 0，结束输入)：
AAA 100
BBB 200
CCC 300
DDD 0
最高工资的职工信息：
```

姓名: ccc　工资: 300

2.【独立编程】程序功能：建立头指针是 list 的职工单向链表，链表结点包含姓名、工资，输出链表中超过平均工资的人数。要求如下：

① 定义 countList()函数：统计并返回链表中超过平均工资的人数。

② 定义 main()函数：建立职工单向链表 list（注：工资为 0，结束输入），调用 countList()函数统计并返回链表中超过平均工资的人数，输出统计结果。

题目要求：

（1）编程实现程序功能，然后以 pro9_2.c 为文件名保存在"第 2 题"文件夹。

【提示】阅读并理解第 1 题的解题思路和程序，思考以下问题。

① 本题采用多函数结构，包括 countList()函数和 main()函数。

② countList()函数：从链表头开始，遍历链表计数链表中超过平均工资的结点个数，直到链表结束。

③ main()函数：建立职工单向链表 list，调用 countList()函数统计并返回链表中超过平均工资的人数，输出统计结果。

（2）调试、运行程序，并给出运行结果。

3.【独立编程】程序功能：建立头指针是 list 的职工单向链表，链表结点包含姓名、工资，删除链表中指定工资的所有结点，输出删除后的链表信息。要求如下：

① 定义 delList()函数：删除链表中指定工资的所有结点。

② 定义 main()函数：建立职工单向链表 list（注：工资为 0，结束输入），调用 delList()函数删除链表中指定工资的所有结点，输出删除后的链表信息。

题目要求：

（1）编程实现程序功能，然后以 pro9_3.c 为文件名保存在"第 3 题"文件夹。

【提示】阅读并理解第 1 题的解题思路和程序清单，思考以下问题。

① 本题采用多函数结构，包括 delList()函数和 main()函数。

② delList()函数：从链表头开始，遍历链表删除链表中指定工资的所有结点，直到链表结束。

③ main()函数：建立职工单向链表 list，调用 delList()函数删除链表中指定工资的所有结点，输出删除后的链表信息。

（2）调试、运行程序，并给出运行结果。

4.【独立编程】程序功能：建立两个按工资升序的职工单向链表 list1 和 list2，链表结点包含姓名、工资，要求将两个链表归并成一个按工资升序排序的新链表，输出新链表信息。要求如下：

① 定义 mergeList()函数：将两个链表归并成一个按工资升序排序的新链表。

② 定义 main()函数：建立两个按工资升序的职工单向链表 list1 和 list2（工资为 0，结束输入），调用 mergeList()函数将两个链表归并成一个按工资升序排序的新链表，输出新链表信息。

题目要求：

（1）编程实现程序功能，然后以 pro9_4.c 为文件名保存在"第 4 题"文件夹。

【提示】阅读并理解第 1 题的解题思路和程序清单，思考以下问题。

① 本题采用多函数结构，包括 mergeList()函数和 main()函数。

② mergeList()函数：将两个链表归并成一个按工资升序排序的新链表。

③ main()函数：建立两个按工资升序的职工单向链表 list1 和 list2（工资为 0，结束输入），调用 mergeList()函数将两个链表归并成一个按工资升序排序的新链表，输出新链表信息。

（2）调试、运行程序，并给出运行结果。

【实验总结】

总结实验过程中遇到的问题，列出解决问题的方法，谈谈体会。

3.10 共用体和枚举程序设计

【实验目的】

1. 掌握共用体类型的概念与定义方法。
2. 掌握共用体变量的定义与基本使用方法。
3. 掌握枚举类型的概念与定义方法。
4. 掌握枚举变量的定义与基本使用方法。
5. 掌握共用体和枚举的编程应用。

【实验内容】

1.【程序示例】程序功能：某门课程，部分学生选修，部分学生必修。对选修学生按五级制（A、B、C、D、E）打分，对必修学生按百分制打分。要求定义如下图所示的结构体，输入一批（n 个）学生成绩信息，分类统计选修学生和必修学生的人数。

num	name	optional	Score
1001	zhang	F	83.5
1002	wang	T	B

题目要求：

（1）阅读下列程序，在指定位置添加语句，完善程序。

```
#include <stdio.h>
#include <string.h>
struct student{          /* 学生结构体 */
    int num;
    char name[20];
    char optional[2];
    union{
        float mark;      /* 百分制分数成员 mark */
        char grade;      /* 五级制等级成员 grade */
    }score;              /* 成绩共用体 */
};
int main()
{
    struct student stu[50];
    int i,n;                    /* n: 学生人数 */
    int,count1=0,count2=0;      /* count1: 选修人数, count2: 必修人数 */

    /* 输入 n 个学生成绩记录 */
    printf("请输入学生人数: ");
    scanf("%d",&n);
    printf("请依次输入%d 个学生成绩记录: \n",n);
```

```
    /* 输入一批（n 个）学生成绩信息，分类统计选修学生和必修学生的人数。 */
    for(i=0;i<n;i++){
        printf(">>%d: 学号  姓名  选课类型（T—选修，F—必修）: ",i+1);
        scanf("%d%s%s",&stu[i].num,stu[i].name,stu[i].optional);
        getchar();          /* 读回车符 */

        /* 在两条星线间填入代码，输入选修或必修成绩，分类统计两类学生人数 */
        /***********************************************************/

        /***********************************************************/
    }

    /* 输出统计结果 */
    printf("选修学生人数=%d, 必修学生人数=%d\n",count1,count2);
    return 0;
}
```

【提示】

① 程序中定义学生结构体类型 struct student，其中成绩成员 score 又是共用体类型（包含：百分制成员 mark、五级制成员 grade），属于结构体与共用体的嵌套定义。

② 分析变量定义和结果输出，程序设置如下关键变量，含义如下：

- i：循环变量（数组下标）。
- n：学生人数。
- count1：选修学生人数。
- count2：必修学生人数。
- stu[50]：结构体数组，存放一批学生数据。

③ 算法设计：循环 n 次，每次完成输入一个学生信息、分类计数学生人数。本题选用 for 语句，需要确定以下几个问题：

- 循环体：输入一个学生信息，分类输入学生成绩并计数。
- 循环条件：n 个学生，表示为 "i<n"。

算法用类 for 语句描述如下：

```
    for(i=0;i<n;i++){
        ● 输入学生基本信息；
        ● 分类输入学生成绩并计数；
    }
```

（2）打开 "第 1 题" 文件夹中名为 pro10_1.c 的文件，阅读、完善程序并保存。

完善程序段：

```
/* 在两条星线间填入代码，输入选修或必修成绩，分类统计两类学生人数 */
if(strcmp(stu[i].optional, "T")==0){
    printf(">>成绩等级: ");
    scanf("%c",&stu[i].score.grade);
    count1++;
}
else{
    printf(">>成绩分数: ");
    scanf("%f",&stu[i].score.mark);
    count2++;
}
```

（3）调试、运行程序。

运行结果：

请输入学生人数：*2*
>>1：学号　姓名　选课类型（T—选修，F—必修）：*101 aaa T*
>>成绩等级：*A*
>>1：学号　姓名　选课类型（T—选修，F—必修）：*102 bbb F*
>>成绩分数：*100*
选修学生人数=1，必修学生人数=1

2.【独立编程】程序功能：某门课程，部分学生选修，部分学生必修。对选修学生按五级制（A、B、C、D、E）打分，对必修学生按百分制打分。要求定义如下图所示的结构体，输入一批（n个）学生成绩信息，分类统计选修学生各等级人数和必修学生超平均分人数。

num	name	optional	score
1001	zhang	F	83.5
1002	wang	T	B

题目要求：

（1）编程实现程序功能，然后以 pro10_2.c 为文件名保存在"第2题"文件夹。

【提示】阅读第1题的解题思路和程序清单，思考以下问题。

① 结构体类型：属于结构体与共用体的嵌套定义。

② 程序结构：与第1题相似，一批（n个）学生需要用 for 循环处理。

③ 关键变量：设置关键变量 i、n、c[5]、count、avg 和 stu[50]，含义如下：

- i：循环变量（数组下标）。
- n：学生人数。
- c[5]：选修人数。
- count：必修人数。
- stu[50]：结构数组，存放一批学生数据。

（2）调试、运行程序，并给出运行结果。

3.【独立编程】学生的数据中包括学号、姓名、性别、身份、成绩（整数）；教师的数据包括编号、姓名、性别、身份、工资（浮点数）。定义下表所示的结构体存放学生和教师的信息。编程实现输入一批（n 个）教师和学生数据记录，统计并输出最高工资教师信息和不及格学生人数。

num	name	Sex	job	score（成绩） salary（工资）	
101	Li	W	s	100	
102	Wang	M	t		5000.6

题目要求：

（1）编程实现程序功能，然后以 pro10_3.c 为文件名保存在"第3题"文件夹。

【提示】阅读第1题和第2题的解题思路和程序，思考以下问题。

① 结构体类型：属于结构体与共用体的嵌套定义。

② 程序结构：与第1题相似，一批（n 个）教师和学生需要用 for 循环处理。

③ 关键变量：设置4个关键变量 i、n、maxid、count 和 stu[50]，含义如下：

- i：循环变量（数组下标）。
- n：总人数。
- maxid：最高工资教师。
- count：不及格人数。
- person[50]：结构数组，存放一批教师和学生。

（2）调试、运行程序，并给出运行结果。

4.【程序示例】放假期间，每周的周一到周五由 zhangsan、lisi、wangwu 轮流值班，每人值一天。编写程序，输入正整数天数 n，计算并输出第 n 天对应星期几，何人值班？假设假期第一天是周二，且由 zhangsan 值班。

题目要求：

（1）阅读下列程序，在指定位置添加语句，完善程序。

```c
#include <stdio.h>
/* 在两条星线间填入代码，定义枚举类型 enum weekday 和 enum worker */
/***********************************************************************/


/***********************************************************************/
int main()
{
    int i,n;                    /* i: 循环变量，n: 天数变量 */
    enum weekday week=tue;      /* week: 星期枚举变量，初值为 tue */
    enum worker duty=zhangsan;  /* duty: 值班人枚举变量，初值为 zhangsan */

    /* 输入一个正整数天数 n */
    printf("input n: ");
    scanf("%d",&n);

    /* 计算第 n 天对应的星期名 week 和值班人 duty */
    /* 在两条星线间填入代码，计算第 n 天对应的星期名 week 和值班人 duty */
    /***********************************************************************/


    /***********************************************************************/

    /* 输出第 n 天对应的星期名信息 */
    switch(week) {
        case mon:printf("weekday: %-6s\n","mon");break;
        case tue:printf("weekday: %-6s\n","tue");break;
        case wed:printf("weekday: %-6s\n","wed");break;
        case thu:printf("weekday: %-6s\n","thu");break;
        case fri:printf("weekday: %-6s\n","fri");break;
        case sat:printf("weekday: %-6s\n","sat");break;
        case sun:printf("weekday: %-6s\n","sun");break;
        default:break;
    }

    /* 输出第 n 天对应的值班人安排信息 */
    if(week<sat){
        /* 在两条星线间填入代码，输出第 n 天对应的值班人信息 */
        /***********************************************************************/
```

```
        /*************************************************************/
    }
    else printf("weekend!\n");   /* 周末：输出周末信息 */
    return 0;
}
```

【提示】

① 程序中应定义两个枚举类型 enum weekday 和 enum worker，分别表示星期名枚举类型和值班人枚举类型。

② 分析变量定义和结果输出，程序设置如下关键变量，含义如下：

● i：循环变量。

● n：学生人数。

● week：星期名，初值为 tue。

● duty：值班人，初值为 zhangsan。

③ 算法设计：循环 n-1 次，每次由当天星期名推出下一天星期名，由当天值班人推出下一天值班人。本题选用 for 语句，需要确定以下几个问题：

● 循环体：由当天星期名推出下一天星期名，由当天值班人推出下一天值班人。

◆ 星期名推导规则：若当天星期名 week 是 sun，则下一天星期名 week 是 mon，否则下一天星期名 week 按公式(enum weekday)(week+1)计算。

◆ 值班人推导规则：若当天值班人 duty 是 wangwu，则下一天值班人 duty 是 zhangsan，否则下一天值班人 duty 按公式(enum worker)(duty+1)计算。

● 循环条件：循环 n-1 次，表示为"i<n"。

算法用类 for 语句描述如下：

```
            for(i=1;i<n;i++){
                ● 按星期名推导规则，推出下一天的星期名 week;
                ● 按值班人推导规则，推出下一天的值班人 duty;
            }
```

（2）打开"第 4 题"文件夹中名为 pro10_4.c 的文件，阅读、完善程序并保存。

完善程序段：

```
/* 在两条星线间填入代码，定义枚举类型 enum weekday 和 enum worker */
enum weekday{mon,tue,wed,thu,fri,sat,sun}; /* enum weekday: 星期枚举类型 */
enum worker{zhangsan,lisi,wangwu};          /* enum worker: 值班人枚举类型 */

/* 在两条星线间填入相应代码，计算第 n 天对应的星期名 week 和值班人 duty */
for(i=2;i<=n;i++){
    if(week!=sun) week=(enum weekday)(week+1);
    else week=mon;
    if(week<sat){
        if(duty!=wangwu) duty=(enum worker)(duty+1);
        else duty=zhangsan;
    }
}
```

```
/* 在两条星线间填入相应代码，输出第 n 天对应的值班人安排信息 */
switch(duty) {          /* 非周末：输出值班人 */
    case zhangsan:printf("onduty: %s\n","zhangsan");break;
    case lisi:printf("onduty: %s\n","lisi");break;
    case wangwu:printf("onduty: %s\n","wangwu");break;
    default:break;
}
```

（3）调试、运行程序。

运行结果：

```
Input n: 2
weekday: wed
onduty: lisi
```

5.【独立编程】某渔夫一周的工作安排是六天打鱼一天晒网。编写程序，输入正整数天数 *n*，计算并输出第 *n* 天对应打鱼还是晒网？假设第一天是晒网。定义如下枚举类型，表示渔夫周工作安排。

```
enum workday {Fish1,Fish2,Fish3,Fish4,Fish5,Fish6,Net};
```

题目要求：

（1）编程实现程序功能，然后以 pro10_5.c 为文件名保存在"第 5 题"文件夹。

【提示】阅读第 4 题的解题思路和程序，思考以下问题。

① 定义周工作安排枚举类型：

```
enum workday {Fish1,Fish2,Fish3,Fish4,Fish5,Fish6,Net};
```

② 关键变量：设置 3 个关键变量 i、n 和 day，含义如下：

• i：循环变量。

• n：天数。

• day：周工作安排。

③ 程序结构：计算第 n 天周工作安排、输出第 n 天周工作安排。

④ 周工作安排推导规则：若当天周工作安排（day）是 Net，则下一天周工作安排（day）是 Fish1，否则下一天的周工作安排（day）按公式（enum workday）(day+1)计算。

（2）调试、运行程序，并给出运行结果。

6.【独立编程】定义周名称枚举类型 weekday，枚举常量包括一周 7 天的名称，用每天英文单词前 3 个字母表示。编写程序，输出每天对应的星期名称（完整的英文单词）。

题目要求：

（1）编程实现程序功能，然后以 pro10_6.c 为文件名保存在"第 6 题"文件夹。

【提示】阅读第 4 题、第 5 题的解题思路和程序，思考以下问题。

① 定义周名称枚举类型：

```
enum weekday {Mon,Tue,Wed,Thu,Fri,Sat,Sun};
```

② 关键变量：设置周名称枚举类型变量 day，表示周名称，又做循环变量。

③ 程序结构：循环 7 次，输出当天 day 对应的星期名称（使用多分支结构实现）。

（2）调试、运行程序，并给出运行结果。

【实验总结】

总结实验过程中遇到的问题，列出解决问题的方法，谈谈体会。

3.11 文件程序设计

【实验目的】

1. 掌握文件的基本概念。
2. 掌握文本文件的打开和关闭操作。
3. 掌握文本文件的顺序读、写方法。

【实验内容】

1. 【程序示例】程序功能：已知数据文件 a.txt 中保存若干学生数据（包括学号、姓名和成绩）。请编程输出文件内容、统计并输出各等级人数。成绩等级规则：大于等于 90 为 A、大于等于 80 为 B、大于等于 70 为 C、大于等于 60 为 D、60 以下为 E。

题目要求：

（1）阅读下列程序，在指定位置添加语句，完善程序。

```c
#include <stdio.h>
#include <stdlib.h>
int main()
{
    FILE  *fp;                      /* 文件指针 */
    int a=0,b=0,c=0,d=0,e=0;        /* 定义各等级人数计数器变量并初始化为 0 */
    long num;
    char name[20];
    int score;

    if((fp=fopen("a.txt", "r")) == NULL){        /*以读方式打开文件*/
        printf("Can't Open File!");
        exit(0);
    }

    /* 在两条星线间填入代码，输出文件内容并统计各等级人数 */
    /*****************************************************************/

    /*****************************************************************/
    fclose(fp);    /* 关闭文件 */

    /* 输出统计结果 */
    printf("等级 A 的人数: %d.    ",a);
    printf("等级 B 的人数: %d.    ",b);
    printf("等级 C 的人数: %d.\n",c);
    printf("等级 D 的人数: %d.    ",d);
    printf("等级 E 的人数: %d.\n",e);
    return 0;
}
```

【提示】

① 本题要求输出文件内容、统计并输出各等级人数，需要使用循环结构。由于循环次数未知，可选用 while 或 do…while 语句。

② 分析变量定义和结果输出，程序设置如下关键变量，含义如下：

- fp：文件指针。
- a、b、c、d、e：各等级人数计数器。

③ 算法思想：采用循环结构，每次循环文件读取一个学生数据、显示一个学生数据、分类计数各等级人数，直到文件结束。本题选用 while 语句，需要确定以下几个问题：

- 循环体：文件读取一个学生数据、显示一个学生数据、分类计数各等级人数。
- 循环条件：从头到尾，即文件未结束。可用 "!feof()" 表示循环条件。

算法用类 while 语句描述如下：

```
while(!foef()){
    ● 文件读出一个学生数据；
    ● 显示一个学生数据；
    ● 分类计数各等级人数；
}
```

（2）打开"第 1 题"文件夹中名为 pro11_1.c 的文件，阅读、完善程序并保存。

完善程序段：

```
/* 在两条星线间填入代码，输出文件内容并统计各等级人数 */
while(!feof(fp)){
    fscanf(fp,"%ld%s%d",&num,name,&score);
    printf("%ld   %s  %d\n",num,name,score);
    if(score>=90)a++;
    else if(score>=80)b++;
    else if(score>=70)c++;
    else if(score>=60)d++;
    else e++;
}
```

（3）调试、运行程序。

运行结果：

```
301101   张文   95
301102   陈五   85
301101   程明   75
301101   李文   45
301101   张三   65
等级A的人数: 1.        等级B的人数: 1.        等级C的人数: 1.
等级D的人数: 1.        等级E的人数: 1.
```

2.【独立编程】程序功能：已知文件 a.txt 存储若干文本数据，编程统计 a.txt 文件的行数、大写字母个数、小写字母个数、数字字符个数及其他字符的个数。要求如下：

① 定义 countFile() 函数：统计文本文件的行数、大写字母个数、小写字母个数、数字字符个数及其他字符的个数。

② 定义 main() 函数：打开 a.txt 文件，调用 countFile() 函数统计文本文件的行数、大写字母个数、小写字母个数、数字字符个数及其他字符的个数，输出统计结果。

题目要求：

（1）编程实现程序功能，然后以 pro11_2.c 为文件名保存在"第 2 题"文件夹。

【提示】阅读并理解第 1 题的解题思路和程序，思考以下问题。

① 本题采用多函数结构。包括 countFile()函数和 main()函数。

② countFile()函数：统计文本文件的行数、大写字母个数、小写字母个数、数字字符个数及其他字符的个数。注意：如何设置函数参数与返回值？

③ main()函数：打开 a.txt 文件，调用 countFile()函数统计文本文件的行数、大写字母个数、小写字母个数、数字字符个数及其他字符的个数，输出统计结果。注意：如何设置关键变量？

（2）调试、运行程序，并给出运行结果。

3.【独立编程】程序功能：比较两个文本文件 a1.txt 和 a2.txt 的内容是否相同，若相同则输出 YES；若不同则输出 NO，并输出两个文件内容首次不同的行列位置。

题目要求：

（1）编程实现程序功能，然后以 pro11_3.c 为文件名保存在"第 3 题"文件夹。

【提示】阅读并理解第 1 题和第 2 题的解题思路和程序，思考以下问题。

① 本题采用多函数结构。包括 compareFile()函数和 main()函数。

② compareFile()函数：比较两个文本文件的内容是否相同，若相同返回 0；若不同则返回 1 并给出首次不同的行列位置。注意：如何设置函数参数与返回值？

③ main()函数：打开两个文本文件，调用 compareFile()函数比较两个文本文件的内容是否相同，输出比较结果。注意：如何设置关键变量？

（2）调试、运行程序，并给出运行结果。

4.【程序示例】程序功能：从键盘输入若干个学生数据（包括学号、姓名和成绩）保存到文本文件 a.txt 中（以负数成绩表示输入结束），然后再从该文件中读出并显示。

题目要求：

（1）阅读下列程序，在指定位置添加语句，完善程序。

```c
#include <stdio.h>
#include <stdlib.h>
struct Student{              /* 学生结构体 */
    long num;                /* 学号 */
    char name[20];           /* 姓名 */
    int score;               /* 成绩 */
}
int main()
{
    FILE  *fp;               /* 文件指针 */
    struct Student stu;      /* 结构体变量 */

    if((fp=fopen("a.txt","w"))==NULL){        /* 以写方式打开文件 */
        printf("Can't Open File!");
        exit(0);
    }
    printf("输入若干包括学号、姓名和成绩（以负数成绩结束输入）: \n");
```

```
    /* 在两条星线间填入代码，从键盘继续输入若干成绩并保存到文件 */
    /***********************************************************/


    /***********************************************************/
    fclose(fp);                              /* 关闭文件 */

    if((fp=fopen("a.txt","r"))==NULL){       /* 以读方式打开文件 */
        printf("Can't Open File!");
        exit(0);
    }
    printf("输出文件内容如下: \n");
    /* 在两条星线间填入代码，读出文件内容并显示到屏幕 */
    /***********************************************************/


    /***********************************************************/
    fclose(fp);                              /* 关闭文件 */
    return 0;
}
```

【提示】

① 本题要求先输入一批学生数据写入文件，再从文件中读出显示，读写两个过程都需要使用循环结构。由于循环次数未知，可选用 while 或 do...while 语句。

② 分析变量定义和结果输出，程序设置如下关键变量，含义如下：

- fp：文件指针。
- stu：结构体变量，存放一个学生数据。

③ 写文件过程：采用循环结构，每次循环键盘输入一个学生数据、文件写入一个学生数据，直到循环结束。本题选用 while 语句，需要确定以下几个问题：

- 循环体：键盘输入一个学生数据、文件写入一个学生数据。
- 循环条件：直到输入负数成绩。可用 "stu.score>=0" 表示循环条件。

算法用类 while 语句描述如下：

```
键盘输入一个学生数据到 stu
while(stu.score>=0){
    ● 将 stu 写入文件;
    ● 键盘输入下一个学生数据到 stu;
}
```

④ 写文件过程：采用循环结构，每次循环文件读取一个学生数据、显示一个学生数据，直到文件结束。本题选用 while 语句，需要确定以下几个问题：

- 循环体：文件读取一个学生数据、显示一个学生数据。
- 循坏条件：从头到尾，即文件未结束。可用 "!feof(fp)" 表示循环条件。

算法用类 while 语句描述如下：

```
文件读取一个学生数据到 stu
while(!feof(fp)){
    ● 显示学生数据 stu;
    ● 文件读取下一个学生数据到 stu;
}
```

（2）打开"第 4 题"文件夹中名为 pro11_4.c 的文件，阅读、完善程序并保存。

完善程序段：

```
/* 在两条星线间填入代码，从键盘继续输入若干成绩并保存到文件中 */
    scanf("%ld%s%d",&stu.num,stu.name,&stu.score);
    while(stu.score>=0){
        fprintf(fp,"%ld%c%s%c%d%c",stu.num,' ',stu.name,' ',
                                    stu.score,'\n');
        scanf("%ld%s%d",&stu.num,stu.name,&stu.score);
    }
/* 在两条星线间填入代码，读出文件内容并显示到屏幕 */
    fscanf(fp,"%ld%s%d",&stu.num,stu.name,&stu.score);
    while(!feof(fp))    {
        printf("%ld  %s  %d\n",stu.num,stu.name,stu.score);
        fscanf(fp,"%ld%s%d",&stu.num,stu.name,&stu.score);
    }
```

（3）调试、运行程序。

运行结果：

```
输入若干包括学号、姓名和成绩（以负数成绩结束输入）：
1    A    100
2    B    90
3    C    -1
输出文件内容如下：
1    A    100
2    B    90
```

5.【独立编程】程序功能：从键盘输入 10 个英文单词到二维字符数组 word 并保存到文本文件 a.txt（单词间以空格分隔），然后再从该文件中读出所有单词并显示到屏幕。

题目要求：

（1）编程实现程序功能，然后以 pro11_5.c 为文件名保存在"第 5 题"文件夹。

【提示】阅读并理解第 4 题的解题思路和程序清单，思考以下问题。

① 本题要求先输入 10 个英文单词写入文件，再从文件中读取显示，文件读写两个过程都需要使用循环结构。由于循环次数已知，选用 for 语句。

② 关键变量设置：

- fp：文件指针。
- word[10][80]：二维字符数组，存放 10 个单词。
- strout[80]：字符数组，存放一个单词。

③ 写文件过程：采用循环结构，每次循环键盘输入一个单词、文件写入一个单词。

④ 写文件过程：采用循环结构，每次循环文件读取一个单词，显示一个单词。

⑤ 读写函数：使用 fgets() 和 fputs() 函数。

（2）调试、运行程序，并给出运行结果。

6.【程序示例】程序功能：从键盘输入若干个学生数据（包括学号、姓名和成绩）保存到二进制文件 a.dat（以负数成绩表示输入结束），然后再从该文件中读出并显示。

题目要求：

（1）阅读下列程序，在指定位置添加语句，完善程序。

```c
#include <stdio.h>
#include <stdlib.h>
struct Student{              /* 学生结构体 */
    long num;                /* 学号 */
    char name[20];           /* 姓名 */
    int score;               /* 成绩 */
}
int main()
{
    FILE  *fp;               /* 文件指针 */
    struct Student stu;      /* 结构变量 */

    if((fp=fopen("a.dat","wb"))==NULL){      /* 以写方式打开文件 */
        printf("Can't Open File!");
        exit(0);
    }
    printf("输入若干包括学号、姓名和成绩（以负数成绩结束输入）: \n");
    /* 在两条星线间填入代码，从键盘继续输入若干成绩并保存到文件 */
    /***********************************************************/


    /***********************************************************/
    fclose(fp);                              /* 关闭文件 */
    if((fp=fopen("a.dat","rb"))==NULL){      /* 以读方式打开文件 */
        printf("Can't Open File!");
        exit(0);
    }
    printf("输出文件内容如下: \n");
    /* 在两条星线间填入代码，读出文件内容并显示到屏幕 */
    /***********************************************************/


    /***********************************************************/
    fclose(fp);                              /* 关闭文件 */
    return 0;
}
```

【提示】

① 本题要求先输入一批学生数据写入文件，再从文件中读出显示，读写两个过程都需要使用循环结构。由于循环次数未知，可选用 while 或 do...while 语句。

② 分析变量定义和结果输出，程序设置如下关键变量，含义如下：

● fp：文件指针。

● stu：结构体变量，存放一个学生数据。

③ 写文件过程：采用循环结构，每次循环键盘输入一个学生数据、文件写入一个学生，直到循环结束。本题选用 while 语句，需要确定以下几个问题：

● 循环体：键盘输入一个学生数据、文件写入一个学生。

- 循环条件：直到输入负数成绩。可用"stu.score>=0"表示循环条件。

算法用类 while 语句描述如下：

```
输入一个学生数据到 stu
while(stu.score>=0){
    ● 将 stu 写入文件;
    ● 输入下一个学生数据到 stu;
}
```

④ 写文件过程：采用循环结构，每次循环文件读取一个学生数据、显示一个学生数据，直到文件结束。本题选用 while 语句，需要确定以下几个问题：

- 循环体：文件读取一个学生数据、显示一个学生数据。
- 循环条件：从头到尾，即文件未结束。可用"!feof(fp)"表示循环条件。

算法用类 while 语句描述如下：

```
文件读取一个学生数据到 stu
while(!feof(fp)){
    ● 显示一个学生数据 stu;
    ● 文件读取下一个学生数据到 stu;
}
```

（2）打开"第6题"文件夹中名为 pro11_6.c 的文件，阅读、完善程序并保存。

完善程序段：

```
/* 在两条星线间填入代码，从键盘继续输入若干成绩并保存到文件中 */
    scanf("%ld%s%d",&stu.num,stu.name,&stu.score);
    while(stu.score>=0){
        fwrite(&stu,sizeof(stu),1,fp);
        scanf("%ld%s%d",&stu.num,stu.name,&stu.score);
    }
/* 在两条星线间填入代码，读出文件内容并显示到屏幕 */
    fread(&stu,sizeof(stu),1,fp);
    while(!feof(fp))    {
        printf("%ld  %s  %d\n",num,name,score);
        fread(&stu,sizeof(stu),1,fp);
    }
```

（3）调试、运行程序。

运行结果：

```
输入若干包括学号、姓名和成绩（以负数成绩结束输入）:
1    A    100
2    B    90
3    C    -1
输出文件内容如下:
1    A    100
2    B    90
```

7.【独立编程】程序功能：两个非空二进制文件 a1.dat 和 a2.dat，分别保存若干学生数据（包括学号、姓名和成绩），且按成绩升序排列。编写程序，把 a1.dat 和 a2.dat 两个文件归并到 a3.dat 文件，使得 a3.dat 文件中的学生数据也按成绩升序排列。要求如下：

① 定义 mergeFile() 函数：将两个二进制文件归并成一个按成绩升序排列的新文件。

② 定义 main() 函数：先打开二进制文件 a1.dat、a2.dat、a3.dat，再调用 mergeFile() 函数将 a1.dat、a2.dat 两个文件归并到按成绩升序排列的 a3.dat 文件，最后输出 a3.dat 文件内容。

题目要求：

（1）编程实现程序功能，然后以 pro9_7.c 为文件名保存在"第 7 题"文件夹。

【提示】阅读并理解第 1 题的解题思路和程序清单，思考以下问题。

① 本题采用多函数结构，包括 mergeFile() 函数和 main() 函数。

② mergeFile() 函数：将两个二进制文件归并成一个按成绩升序排列的新文件。注意：如何设置函数参数与返回值？

③ main() 函数：先打开二进制文件 a1.dat、a2.dat、a3.dat，再调用 mergeFile() 函数将 a1.dat、a2.dat 两个文件归并到按成绩升序排列的 a3.dat 文件，最后输出 a3.dat 文件内容。

（2）调试、运行程序，并给出运行结果。

【实验总结】

总结实验过程中遇到的问题，列出解决问题的方法，谈谈体会。

第四部分
主 题 实 验

在自主实验基础上，根据知识结合应用的紧密程度，分主题设计一些难度稍大的综合性主题实验。通过主题实验的训练，将"语言知识"和"程序设计"串成两条相互呼应的主线，加深学生对语言的全面理解和掌握，培养综合应用语言的能力和综合分析能力，提高编程水平。本部分共设计 5 个主题实验，包括控制结构综合程序设计、结构体综合程序设计、链表综合程序设计、文件综合程序设计、综合管理系统的设计与实现。学生可以部分选作，在规定期限通过课程网站的实验系统提交给老师批改。实验内容体现"阶梯递进"模式思想，即"案例分析—应用设计"模式，"案例分析"参考主讲教材相关章节中设计的综合案例，详细介绍用结构化程序设计方法求解问题的步骤，"应用设计"要求学生模仿"案例分析"，用结构化程序设计方法完成综合训练，让学生理解结构化程序设计的思想，掌握结构化程序设计的方法。

4.1　控制结构综合程序设计

【实验目的】

1. 熟练掌握 3 种控制结构的程序设计方法。
2. 初步掌握多函数结构的综合编程方法。
3. 理解结构化程序设计的思想，初步掌握结构化程序设计的方法。

【实验内容】

1. 阅读材料

结构化程序设计的基本思想就是将一个复杂问题的求解过程划分为若干阶段，每个阶段要处理的问题都容易被理解和处理。通常包括问题分析、模块化设计、结构化编码、程序调试等 4 个步骤。

（1）问题分析：通常采用"自顶向下"分析问题的方法，通过把大的、复杂的问题分解成小问题后再解决，也就是按照组织或功能将复杂问题分解成子问题，若子问题仍然复杂，再做进一步分解，直到处理对象相对简单、容易处理为止。当所有的子问题都得到解决，整个问题也就解决了。在这个过程中，每一次分解都是对上一层问题的逐步细化和求精，最后形成一种类似树状的层次结构图来描述分析的结果。

① 举例：设计一个学生成绩统计程序，输入一批学生 5 门课程的成绩，输出每个学生的平均成绩和每门课程的平均成绩，找出平均成绩最高的学生和平均成绩最高的课程。

② 问题分析：按照"自顶向下"的问题分析方法，学生成绩统计程序按功能将其分解为 4 个子问题，即成绩输入、成绩计算、成绩查找和成绩输出。成绩计算又分解为计算学生

平均成绩和计算课程平均成绩两个子问题。成绩查找又分解为查找最高平均成绩学生和查找最高平均成绩课程两个子问题。其层次结构图如图 4-1 所示。

图 4-1　学生成绩统计程序层次结构图

（2）模块化设计：经过问题分析，设计好层次结构图，就可进入模块化设计阶段。在这个阶段，需要将模块组织成良好的层次系统，顶层模块调用其下层模块实现程序的完整功能，每个下层模块调用更下层模块，完成程序的一个子功能，最下层模块完成最具体的功能。

在 C 语言中，模块一般通过函数来实现，一个模块对应一个函数，模块中包含的语句一般不超过 50 行，既便于编程者思考与设计，也利于程序的阅读理解。如果模块功能太复杂，应进一步分解到低一层的模块函数，以体现结构化的程序设计思想。

根据图 4-1 的层次结构图，对学生成绩统计程序进行模块化设计。

① 模块规划：设计 9 个模块，每个模块用一个函数实现，即程序共设计 9 个函数，具体包括主函数 main()、成绩输入函数 input_score()、成绩计算函数 calc_score()、计算学生平均成绩函数 calc_student_avg()、计算课程平均成绩函数 calc_course_avg()、成绩查找函数 seek_score()、查找最高平均成绩学生函数 seek_stu_score()、查找最高平均成绩课程函数 seek_cor_score()、成绩输出函数 output_score()。当然，还应包括更详细的函数设计，包括函数原型的综合描述。

② 模块调用关系图：根据图 4-1 的层次结构图，设计图 4-2 所示的模块调用关系图。

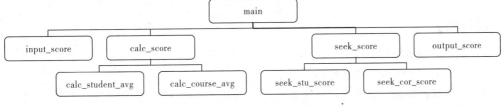

图 4-2　模块调用关系图

（3）结构化编码：经过模块化设计，每个模块对应一个函数，每个函数就可独立编码。编程时应选用顺序、选择和循环 3 种控制结构，使程序具有良好的风格。标识符命名应合法且 "见名知意"；程序中适当添加注释，增加程序可读性；程序结构清晰易懂，尽量一行一句，采用缩进格式；程序具有良好的交互性，输入有提示、输出有说明等。

（4）程序调试：包括单步调试、断点调试、函数跳入与函数跳出等调试方法。在调试程序时，需要综合运用各种方法和技巧，本书第二部分的演示实验已做详细介绍，在此不再赘述。

2. 案例分析

在与本书配套的主讲教材第 6 章函数与编译预处理中，详细介绍了一个基于控制结构的综合程序设计案例—简单"计算器"程序，请结合该案例完成本次主题实验。

3. 应用设计

使用结构化程序设计方法，开发设计一个"近似值"计算器，具有如下功能：

功能1：设计 PI 函数，按下列公式计算 π 的近似值，直到最后一项小于某个给定的精度 eps。要求在主函数中输入一个正实数精度 eps，调用 PI 函数计算 π 的近似值。

$$\frac{\pi}{2} = 1 + \frac{1!}{3} + \frac{2!}{3 \times 5} + \frac{3!}{3 \times 5 \times 7} + \cdots + \frac{n!}{3 \times 5 \times (2n+1)}$$

功能2：设计 cos 函数，按下列公式计算前 n 项和求 cos(x) 的近似值。要求在主函数中输入一个正整数 n 和一个实数 x，调用 cos 函数计算 cos(x) 的近似值。

$$\cos(x) = \frac{x^0}{0!} - \frac{x^2}{2!} + \frac{x^4}{4!} - \frac{x^6}{6!} + \cdots$$

功能3：设计 e 函数，按下列公式计算 e 的近似值，直到最后一项小于某个给定的精度 eps。要求在主函数中输入一个正实数精度 eps，调用 e 函数计算 e 的近似值。

$$e = 1 + \frac{1}{1!} + \frac{1}{2!} + \frac{1}{3!} + \cdots + \frac{1}{n!} + \cdots$$

功能4：设计 FIB 函数，计算某项 Fibonacci 数列。要求在主函数中输入两个正整数 m 和 n（m≤n），循环调用 FIB 函数，输出第 m 项至第 n 项之间所有的 Fibonacci 数。Fibonacci 数列：1，1，2，3，5，8，13，21，……。

【实验总结】

总结实验过程中遇到的问题，列出解决问题的方法，谈谈体会。

4.2 结构体综合程序设计

【实验目的】

1. 熟练掌握结构体的使用方法。
2. 理解并初步掌握结构化程序开发方法。
3. 初步掌握信息管理系统的开发方法。

【实验内容】

1. 案例分析

在与本书配套的主讲教材第 9 章结构体中，详细介绍了一个基于结构体数组的学生成绩管理系统综合案例，请结合该案例完成本次主题实验。

2. 应用设计

使用结构化程序设计方法，采用结构体数组作为主要数据结构，开发设计一个员工绩效管理系统对员工绩效进行有效管理。要求如下：

（1）定义员工结构体类型：包括 gh、xm、jx、dj、mc 5 个数据项，分别代表工号、姓名、绩效、等级、名次。

（2）定义员工结构体类型数组，管理最多 50 个员工。

（3）设计 input()函数：输入一批员工信息，设置等级并返回平均绩效。工号从 1 开始按递增 1 自动生成，姓名和绩效是输入项（绩效必须是[0,100]区间的整数，–1 结束输入）。

（4）设计 rank()函数：计算一批员工名次。名次规则：从第 1 名开始，若出现并列名次，则名次叠加。例如，若出现 5 个并列第 1 名，则下一个名次是第 6 名，依此类推。

（5）设计 frequency()函数：统计并返回各等级人数。成绩共分五个等级，标准如下：

A：90 及以上　　 B：80 及以上　　 C：70 及以上　　 D：60 及以上　　 E：60 以下

（6）设计 output()函数：按工号升序输出员工绩效表、各等级人数和平均绩效。员工绩效表每行输出 1 个员工信息（依次为工号、姓名、绩效、等级和名次，各项间以 1 个空格隔开），平均绩效（保留 2 位小数）、各等级人数分行输出。

（7）设计 main()函数：建立一个菜单系统，将③~⑥的功能用菜单组织起来，调用相应的功能完成对员工绩效的有效管理。

建议定义如下的员工结构体类型：

```
struct Employee{
    int      gh;          //工号：主键，唯一，自动生成
    char     xm[10];      //姓名
    int      jx;          //绩效
    char     dj;          //等级
    int      mc;          //名次
};
```

【实验总结】

总结实验过程中遇到的问题，列出解决问题的方法，谈谈体会。

4.3　链表综合程序设计

【实验目的】

1. 熟练掌握链表的使用方法。
2. 理解并掌握结构化程序开发方法。
3. 掌握信息管理系统的开发方法。

【实验内容】

1. 案例分析

在与本书配套的主讲教材第 10 章链表中，详细介绍了一个基于链表的学生成绩管理系统综合案例，请结合该案例完成本次主题实验。

2. 应用设计

使用结构化程序设计方法，采用链表作为主要数据结构，开发设计一个员工绩效管理系统对员工绩效进行有效管理。要求如下：

（1）定义单向员工链表类型：包括 gh、xm、jx、dj、mc、next 6 个数据项，分别代表工号、姓名、绩效、等级、名次和指向下个结点的指针。其中：工号、姓名、绩效是输入项，等级、名次是计算项。

（2）设计 Creat_Link()函数：建立一个 StuLink 类型的员工链表，返回链表头指针。每个

链表结点代表一个员工信息，要求输入工号、姓名和绩效，其中：工号从 1 开始按递增 1 自动生成，绩效必须是[0,100]区间的整数，当输入绩效为-1 时，表示输入结束。

（3）设计 Insert_Node()函数：在链表尾插入一个新结点。新结点的工号是链表中最大工号加 1，姓名和绩效从键盘输入（注意：绩效必须是[0,100]区间的整数），根据绩效计算等级。注意：插入结点会导致链表中各结点名次的变化。

（4）设计 Edit_Node()函数：修改链表中指定工号的结点（注意：工号不能修改，绩效必须在[0,100]区间的整数）。注意：当修改绩效时会导致等级和名次的变化。

（5）设计 Delete_Node()函数：删除链表中指定工号的结点。注意：删除操作需要重新计算链表中各结点的名次。

（6）设计 Query_Node()函数：查询链表中指定工号的结点，并显示查询结果。

（7）设计 Rank_Link()函数：计算员工链表中每个员工的名次。名次规则：按绩效降序排名，从第 1 名开始，若出现并列名次，则名次需要叠加。例如，若出现 5 个并列第 1 名，则下一个名次是第 6 名，依此类推。

（8）设计 Analysis_Link()函数：统计并返回各等级人数。等级标准如下：

A：90 及以上　　B：80 及以上　　C：70 及以上　　D：60 及以上　　E：60 以下

（9）设计 Sort_Link()函数：按指定数据项的顺序[工号（升序），或者，绩效（降序）]对员工链表进行排序。

（10）设计 Output_Link()函数：按指定数据项的顺序[工号（升序），或者，绩效（降序）]输出员工绩效表、各等级人数。员工绩效表每行输出一个员工信息（依次为工号、姓名、绩效、等级和名次，各项间以 1 个空格隔开），各等级人数分行输出。

（11）设计 main()函数：建立一个菜单系统，将②～⑩的功能用菜单组织起来，调用相应的功能完成对员工绩效的有效管理。

建议定义如下的单向员工链表类型：

```
struct Employee{
    int     gh;                 //工号：主键，唯一，自动生成
    char    xm[10];             //姓名
    int     jx;                 //绩效
    char    dj;                 //等级
    int     mc;                 //名次
    struct  Studen  next;       //指针域
};
```

【实验总结】

总结实验过程中遇到的问题，列出解决问题的方法，谈谈体会。

4.4　文件综合程序设计

【实验目的】

1. 熟练掌握文件的使用方法。
2. 理解文件存储数据的优点和不足。
3. 掌握信息管理系统的结构化开发方法。

【实验内容】

1. 案例分析

在与本书配套的主讲教材第 12 章文件中，详细介绍了一个基于链表、使用文件永久存储数据的学生成绩管理系统综合案例，请结合该案例完成本次主题实验。

2. 应用设计

请在 4.3 链表综合程序设计的基础上，增加以下功能：

（1）在系统启动时，从文件中将所有员工数据读出到链表。

（2）在系统正常退出时，将所有员工数据保存到文件。

（3）分页显示全部员工的数据。分页功能：每页显示 5 条员工的数据，有上一页、下一页、首页和尾页的功能。

【实验总结】

总结实验过程中遇到的问题，列出解决问题的方法，谈谈体会。

4.5 综合管理系统的设计与实现

课程设计是 C 语言程序设计课程的一个综合性、设计性实践教学环节。要求学生在教师的指导下，综合运用已学过的程序设计知识和技能，完成一项较为完整、并具有一定难度的课程设计任务。通过课程设计，使学生掌握结构化程序设计的方法和步骤，培养学生的程序设计综合能力，为培养学生结合专业进行软件开发的能力打下良好的基础。

【任务和要求】

课程设计是在完成"自主实验"和"主题实验"基础上，运用结构化程序设计方法，从所给定的题目中选择其中一题，完成一个规模较大的综合管理系统的设计与实现。要求每位同学必须将自己的程序调试运行通过，并且编写相关的实践报告，提交以下两样文件：

（1）系统程序文件：含数据文件和源程序，放于同一文件目录下。

（2）实践报告文档：电子版。

两个文件放置一个文件夹，文件夹命名为"学号+姓名"，例如：201641402101 张三。

【可选题目】

题目 1 员工工资管理系统

（一）公司现状分析

（1）公司主要有经理、技术员、销售员、销售经理 4 类岗位人员，他们都有基本信息：职工号、姓名、性别、部门、岗位、工龄、当月工资等。一个部门最多只能有一个销售经理，一个部门可以有多个销售员，一个部门可以有若干个经理和若干技术员。

（2）员工数据包括基本资料数据和工资数据两部分，基本资料数据包括工号、姓名、性别、部门、岗位、工龄；工资数据包括工作时间、小时工资、销售额、底薪、当月工资。

（3）当月工资的计算办法如下：

① 经理：底薪（8000）+工龄×35。

② 技术员：工作时间×小时工资（100 元每小时）+工龄×35。

③ 销售员：销售额×4%提成+工龄×35。

④ 销售经理：底薪（8000）＋所辖部门销售额总额×0.5%+工龄×35。

（二）系统的功能要求

开发一个公司员工工资管理系统对员工工资进行有效管理。功能要求如下：

1. 数据维护管理

要求对员工的基本资料和工资数据分开管理。基本资料维护管理功能包括添加（批量、单个）、修改、删除、查询等；工资数据维护管理功能包括输入（批量、单个）、修改、删除、查询等。

（1）基本资料维护管理功能。

① 添加：（批量、单个）添加员工基本资料数据。基本资料数据包括工号、姓名、性别、部门、岗位、工龄。

② 修改：根据职工号来修改任意员工的除职工号外的其他基本资料数据。

③ 删除：根据职工号删除一个员工。

④ 查询：根据职工号查询一个员工的基本资料数据。

（2）工资数据维护管理功能。

① 输入：（批量、单个）输入员工工资数据。工资数据根据员工类型的不同而有区别，输入的相关数据也应不同。注意：当月工资是计算项，不能输入。

② 修改：根据职工号来修改任意员工的相关工资数据（注意：不同类别员工相关数据不同）。

③ 删除：根据职工号删除一个员工（不能删除，只需将相关数据项设置成-1）。

④ 查询：根据职工号查询一个员工的工资数据。

⑤ 计算：批量计算所有技术员、销售员和销售经理的当月工资。注意：销售经理所辖部门销售额总额为本部门所有销售员当月销售额之和；只有各项数据都为有效数据时（-1为无效数据），才能计算。

2. 查询数据

（1）分页显示全部员工的信息。分页功能：每页显示10条员工的信息，有上一页、下一页、首页和最后一页的功能。

（2）按部门显示本部门全部员工信息。注意：无需分页显示。

（3）分类显示4种岗位的员工信息。注意：无需分页显示。

（4）根据工号或者姓名查询员工信息。

3. 排序

（1）所有员工信息按当月工资从高到低排序并显示。注意：无需分页显示。

（2）某个岗位的员工信息按当月工资从高到低排序并显示。注意：无需分页显示。

4. 统计

（1）统计并显示某个部门的平均工资、最低工资、最高工资。

（2）统计并显示某个部门超出平均工资的人数与员工信息。注意：无需分页显示。

（3）统计并显示所有员工中的最低工资和最高工资员工的信息。

（4）统计并显示所有员工超出平均工资的人数与员工信息。注意：无需分页显示。

（三）系统的实现技术要求

（1）员工用结构体表示，全体员工用一个链表来表示。某一岗位的员工，可以只使用员工结构体的部分成员，比如：经理只使用基本信息成员，而不使用销售额成员、工作时间成员。

（2）必须用文件来存储员工信息：开始运行程序时从文件中读取员工信息到链表，退出程序时将员工信息保存到文件中。

（3）主菜单有一个菜单项能够将员工信息保存到文件。

（4）数据约束

① 工号：整型，不能重复，从 1 开始依次递增，自动计算产生，不能修改。

② 岗位：枚举类型，分别表示经理、技术员、销售员、销售经理。

③ 员工的其他信息不能为空。

（5）其他：至少有两层菜单。

题目 2　学生成绩管理系统

（一）学校现状分析

某学校有本科生和研究生两类学生，学生信息包括基本资料和成绩数据两部分。

1. 本科生

（1）基本资料包括：学号、姓名、性别、专业、班级，学号自动生成，其他全部是输入项。

（2）成绩数据包括：高数成绩、英语成绩、C 语言成绩、总成绩、班级排名、校级排名。其中：高数成绩、英语成绩、C 语言成绩为输入项；总成绩、班级排名、校级排名是计算项，（班级排名是总成绩在班内的名次，校级排名是总成绩在校内的名次）。

2. 研究生

（1）基本资料包括学号、姓名、性别、专业、班级、研究方向、导师，学号自动生成，其他全部是输入项。

（2）成绩数据包括课程综合成绩、论文成绩、总成绩、班级排名、校级排名。其中：课程综合成绩、论文成绩为输入项；总成绩、班级排名、校级排名是计算项（班级排名是总成绩在班内的名次，校级排名是总成绩在校内的名次）。

（二）系统的功能要求

开发一个学生成绩管理系统对学生成绩进行有效管理。

1. 数据维护管理

要求对学生的基本资料和成绩数据分开管理。基本资料数据的维护管理功能包括添加（批量、单个）、修改、删除、查询等；成绩数据的维护管理功能包括输入（批量、单个）、修改、删除、查询等。

（1）基本资料数据的维护管理。

① 添加：（批量、单个）添加学生基本资料数据。本科生的基本资料数据包括学号、姓名、性别、专业、班级，学号自动生成，其他全部是输入项。研究生的基本资料数据包括学号、姓名、性别、专业、班级、研究方向、导师，学号自动生成，其他全部是输入项。

② 修改：根据学号来修改任意学生的除学号外的其他基本资料数据。

③ 删除：根据学号删除一个学生。

④ 查询：根据学号查询一个学生的基本资料数据。

（2）成绩数据的维护管理。

① 输入：（批量、单个）输入学生成绩数据。成绩数据根据学生类型的不同而有区别，输入的相关数据也应不同。注意：总成绩、班级排名、校级排名是计算项，不能输入。

② 修改：根据学号来修改任意学生的相关成绩数据（注意：不同类别学生相关数据不同）。

③ 删除：根据学号删除一个学生（不能删除，只需将相关数据项设置成-1）。

④ 查询：根据学号查询一个学生的成绩数据。

⑤ 计算：批量计算所有学生的总成绩、班级排名、校级排名。注意，只有各项数据都为有效数据时（-1为无效数据），才能计算。

2. 排名功能。

（1）班级排名：分本科生和研究生两类学生，计算每个学生总成绩在班级的名次。

（2）校级排名：分本科生和研究生两类学生，计算每个学生总成绩在全校的名次。

说明：按体育竞赛规则排名，若出现两个并列第1名，下个名次为第3名，依此类推。

3. 排序功能

分本科生和研究生两类人员，实现下列排序功能。

（1）所有学生信息按总成绩从高到低排序并显示。

（2）某个班学生信息按总成绩从高到低排序并显示。

4. 查询功能

分本科生和研究生两类人员，实现下列查询功能。

（1）分页显示全部学生的信息。分页功能：每页显示10条学生的信息，有上一页、下一页、首页和最后一页的功能。

（2）能够按班级显示本班全部学生信息。注意：无需分页显示。能够根据学号或者姓名查询学生信息。

（3）能够在某个班级中查询某门课成绩不及格学生信息。注意：无需分页显示。

5. 统计功能

分本科生和研究生两类人员，实现下列统计功能。

（1）统计并显示某门课每个班的平均成绩。如果学生该门课没有成绩，则统计时忽略该生。

（2）在某个班中统计并显示某门课程不同等级的学生人数。等级标准：

优：成绩大于等于90；

良：成绩大于等于80且小于90；

中：成绩大于等于70且小于80；

及格：成绩大于等于60且小于70；

不及格：成绩小于60。

（三）系统的实现技术要求

（1）本科生和研究生分别用两个链表来存储表示。

（2）必须用文件来存储学生信息。

① 建立本科生和研究生两个文件，分别存放两类学生的信息。

② 开始运行程序时，从文件中读取学生信息链入到两个不同的链表。

③ 退出程序时将学生信息保存到不同的文件。

④ 主菜单有一个菜单项能够将学生信息保存到文件。

（3）数据约束。

① 学号：整型，不能重复，从1开始依次递增，自动计算产生，不能修改。

② 性别：男和女，必须使用枚举类型。

③ 各种成绩：整型，取值范围为0~100。-1表示未有此项成绩。

④ 其他：至少有两层菜单。

第五部分
全国高等学校计算机
水平考试指导

全国高等学校计算机水平考试（CCT）是经全国各省、市、自治区教委（教育厅）第八届高教处长联席会议协议，从 1997 年起举行，由各省、市、自治区教委（教育厅）组织的，测试高等学校在校学生计算机应用知识与能力的全国统一标准的权威考试。为了顺应社会主义市场经济建设发展和劳动力市场的需要，对高校学生的计算机应用知识与能力水平确定一个全国统一的、通用的、客观的、公正的等级标准，并组织严格的统一考试，为合格者提供等级证书，为用人单位对大学毕业生的录用提供有效的证明。

5.1　C++程序设计二级考试大纲

5.1.1　考试目的与要求

学生应了解计算机程序设计的基本知识，掌握 C++语言程序设计的基本方法和使用计算机处理问题的思维方法，具有应用计算机编程的初步能力。考试基本要求如下：

1. 了解 C++语言的特点，掌握语言的成分及其使用方法，能够阅读及编写简单应用程序。
2. 掌握最基本的算法和实现的方法。
3. 掌握结构化程序设计的方法，能编制出风格良好的 C 程序。
4. 初步掌握 C++面向对象程序设计的方法，能编制出风格良好的 C++程序。
5. 掌握 C++语言程序调试的基本技能。

5.1.2　考试内容

一、数据类型及其运算

【考试要求】

了解基本类型及其常量的表示法；掌握变量的定义及初始化方法；掌握运算符与表达式的概念；掌握 C++的自动类型转换和强制类型转换。

【主要考点】

1. 数据类型的种类。
2. 各种数据类型的定义方法。
3. 运算符的种类。
4. 运算符优先级和结合性。

5. 不同类型数据间的转换与运算。

二、顺序结构程序设计

【考试要求】

了解 C 语句的概念及种类；掌握 C 语言常用的输入/输出方式。

【主要考点】

1. 表达式语句、空语句、复合语句。

2. 数据的输入与输出。

3. 输入/输出函数 printf()、scanf()的使用。

三、选择结构程序设计

【考试要求】

熟练掌握 if...else 的 3 种语法；领会 switch 与 break 语句的作用。

【主要考点】

1. if 语句。

2. switch 语句。

3. 选择结构的嵌套。

四、循环结构程序设计

【考试要求】

领会程序设计中构成循环的方法；掌握 for、while、do...while 语句的用法；了解 break、continue 在循环语句中的作用。

【主要考点】

1. for 循环结构。

2. while 和 do...while 循环结构。

3. continue 语句和 break 语句。

4. 循环的嵌套。

五、数组的定义和引用

【考试要求】

了解一维数组、二维数组的基本概念；掌握数组类型变量的定义与引用；掌握数组元素的引用。

【主要考点】

1. 一维数组和多维数组的定义和初始化。

2. 数组的引用。

3. 字符串与字符数组。

4. 字符串处理函数（strlen(), strcpy(), strcat(), strcmp()）。

六、函数

【考试要求】

掌握函数的定义与调用；掌握函数参数的传递方式；领会变量存储类型的概念及各种存储类型变量的生存期和有效范围；领会函数的嵌套调用与递归调用。

【主要考点】

1. 函数的定义方法。

2. 函数的类型和返回值。

3. 形式参数与实际参数；参数值的传递。

4. 函数的正确调用；嵌套调用和递归调用。

5. 内联函数和函数重载。

6. 局部变量和全局变量。

7. 变量的存储类别和作用域。

七、指针

【考试要求】

了解指针与地址的概念；掌握指针变量的定义、初始化及指针的运算；掌握指针与数组、指针数组、指针实现字符串等知识；了解指针与函数的概念。

【主要考点】

1. 指针变量的定义和初始化。

2. 指针的赋值。

3. 指针的运算。

4. 指针与数组。

5. 指针与字符串。

6. 指针用作函数参数。

八、结构与联合

【考试要求】

掌握结构体和联合体类型的说明、结构体和联合体变量的定义及初始化方法；掌握结构体与联合体变量成员的引用。

【主要考点】

1. 结构体和联合体类型数据的定义方法和初始化。

2. 结构体和联合体类型的说明及结构体类型变量的定义。

3. 结构体和联合体变量的初始化。

4. 结构体和联合体变量的引用。

5. 结构体数组和结构体指针。

九、文件

【考试要求】

掌握文件基本概念；掌握文本文件的打开和关闭操作；掌握文本文件的顺序读、写方法。

【主要考点】

1. 文件类型指针。

2. 文件的打开与关闭。

3. 文件的读写。

4. 输入/输出的控制格式。

十、C++面向对象程序设计初步

【考试要求】

了解 C++中流的概念；掌握标准设备输入/输出函数的使用。了解面向对象类和对象的概念；掌握构造函数、析构函数和一般成员函数的定义和使用；掌握类的继承性。

【主要考点】

1. cin 与 cout。
2. 类的创建和引用对象。
3. 构造函数、析构函数和一般成员函数。
4. 派生类的定义和访问权限。
5. 单一继承与多重继承。

5.1.3 考试方式与考题类型

考试采用机试方式，考试时间为 105 min。考试题目分两部分：理论题（20 分）、编程题（80 分）。理论题主要由单项选择题组成。编程题分简单操作题、简单应用题和综合应用题 3 种类型的考题。各类型题量及分数分布如表 5-1 所示。

表 5-1　各类型题量及分数分布

题　　型	题　　量	分　　数
理论题	20	20
简单操作题	2	35
简单应用题	1	20
综合应用题	1	25

5.2　C++程序设计二级考试模拟试题

为帮助考生参加全国高等学校计算机水平考试（CCT），结合 C++程序设计二级考试大纲，按照考试题型组织编写了 5 套模拟试题，并在附录 A 中给出每套试题的参考答案，供考生复习。

5.2.1 模拟试题一

一、理论题（20分，每小题1分）

1.【单选题】下面程序的输出结果是_____。

```
#include <iostream.h>
fun(int x)
{   int p;
    if(x==0||x==1) return(3);
    p=x-fun(x-2);
    return p;
}
void main()
{cout<<fun(9)<<endl;}
```

A. 7　　　　　　B. 9　　　　　　C. 3　　　　　　D. 1

2.【单选题】下面程序运行时，若从键盘上输入 2.0 并回车，则输出结果是_____。

```
#include <iostream.h>
void main()
{
    float x,y;
    cin>>x;
    if(x<0.0) y=0.0;
    else if((x<10.0)&&(x!=2.0)) y=1.0/(x+2.0);
    else if(x<5.0) y=1.0/x;
    else y=5.0;
```

```
        cout<<y;
}
```

    A. 0.5   B. 1.0   C. 0.0   D. 0.25

3.【单选题】C++源程序文件的默认扩展名为_____。

    A. .c++   B. .cpp   C. .cc   D. .c

4.【单选题】下面程序的输出结果是_____。

```
#include <iostream.h>
void main()
{
    char *p[ ]={"mop","book","w","sp"};
    int i;

    for(i=3;i>=0;i--,i--) cout<<*p[i];

    cout<<endl;
}
```

    A. sb   B. spbook   C. sp   D. swb

5.【单选题】下面定义的共用体类型的长度是_____字节。

```
union MyData
{   long x;
    char ch;
    bool flag;
    float y;
};
```

    A. 8   B. 4   C. 2   D. 6

6.【单选题】以下程序段中的循环体被执行的次数是_____。

```
for(i=4;i;i-=2)
    for(j=1;j<4;j++)
        {…};
```

    A. 无限多次   B. 8   C. 6   D. 2

7.【单选题】下面程序的输出结果是_____。

```
#include <iostream.h>
void main()
{   int x[ ]={2,4,6,8},i;
    int *p=x;

    for(i=0;i<4;i++) x[i]=*p++;

    cout<<x[2]<<endl;
}
```

    A. 6   B. 4   C. 8   D. 2

8.【单选题】C++的字符串"\t\1026\\\""中包含_____个可见的字符。

    A. 10   B. 5   C. 4   D. 6

9.【单选题】以下程序段运行时，若从键盘上输入 Open the door 并回车，则输出结果是_____。

```
char fun(char *c)
{   if(*c<='z'&&*c>='a') *c-='a'-'A';
    return *c;
}
void main()
{   char s[81],*p=s;

    gets(s);
    while(*p)
    {*p=fun(p);putchar(*p);p++;}

    putchar('\n');
}
```

A. open the door   B. OPEN THE DOOR
C. Open the door   D. oPEN THE DOOR

10. 【单选题】若有以下程序段，则变量 v 的值是_____。
```
int m=1,n=2,v;
v=m/n;
```
A. 0   B. 1/2   C. 0.5   D. 1

11. 【单选题】若 m 和 n 都是整型变量，且 m=3，n=5，则以下语句输出的结果是_____。
```
cout<<(m+=n,n)<<endl;
```
A. 5   B. 语句格式有错，无输出结果
C. 3   D. 8,5

12. 【单选题】下面程序的输出结果是_____。
```
#include <iostream.h>
#define sub(x,y)  (x)*x+y
void main()
{   int a=3,b=4;
    cout<<sub(a++,b++)<<endl;
}
```
A. 6   B. 13   C. 21   D. 20

13. 【单选题】下面程序的输出结果是_____。
```
#include <iostream.h>
void main()
{   int num=1;

    while(num<=2)
    {num++;cout<<num;}
}
```
A. 123   B. 23   C. 12   D. 1

14. 【单选题】下面程序的输出结果是_____。
```
#include <iostream.h>
void main()
{   int x=0,y=1,a=0,b=0;

    switch(x)
```

```
    {   case 0:
            switch(y)
            {   case 0:a++;break;
                case 1:b++;break;
            }
        case 1:
            a++;b++;break;
    }

    cout<<a<<","<<b<<endl;
}
```

A. 2,1　　　　　　　　B. a,1　　　　　　　　C. 1,2　　　　　　　　D. 1,0

15. 【单选题】若有下面的程序片段：

```
int a[12]={0},*p[3],i;
for(i=0;i<3;i++) p[i]=&a[i*4];
```

则对数组元素的错误引用是_____。

A. *p[0]　　　　　　　B. p[0]　　　　　　　C. *(*p+0)　　　　　　D. a[0]

16. 【单选题】下面程序的输出结果是_____。

```
#include <iostream.h>
#include <string.h>
void main()
{   char *x1="abcdef",*x2="ab";
    x1++;x2++;
    cout<<strcmp(x1,x2)<<endl;
}
```

A. −1　　　　　　　　B. 不确定的值　　　　　C. 1　　　　　　　　D. 0

17. 【单选题】下面程序运行时，若从键盘上输入 3.6　2.4 并回车，则输出结果是_____。

```
#include <iostream.h>
#include <math.h>
void main()
{
    float x,y,z;

    cin>>x>>y;
    z=x/y;
    while(1)
    {
        if(fabs(z)>1.0){x=y;y=z;z=x/y;}
        else break;
    }

    cout<<y;
}
```

A. 2.0　　　　　　　　B. 1.5　　　　　　　　C. 1.6　　　　　　　　D. 2.4

18. 【单选题】下面程序的输出结果是_____。

```
#include <iostream.h>
f(int a[],int n)
```

```
{
    int i,x;
    x=1;
    for(i=0;i<=n;i++) x=x*a[i];
    return x;
}
void main()
{   int y,x[]={1,2,3,4,5};
    y=f(x,3);
    cout<<y<<endl;
}
```

    A. 120   B. 6   C. 24   D. 12

19.【单选题】以下关于函数的说法中，正确的是_____。

    A. 如果形参与实参类型不一致，以实参类型为准

    B. 如果函数值的类型与返回值类型不一致，以函数值类型为准

    C. 形参的类型说明可以放在函数体内，以实参类型为准

    D. return 后边的值不能为表达式

20.【单选题】有关类和对象的说法不正确的是_____。

    A. 任何一个对象只能属于一个具体的类

    B. 对象是类的一个实例   C. 一个类只能有一个对象

    D. 类与对象的关系与数据类型和变量的关系相似

二、操作题（80分）

1.【简单操作题】（注：以下文件均保存在试题盘 shiti\one\4000247 文件夹中）打开 proj1.cpp 文件，将一维数组按升序排列，请在提示处填上正确的代码。要求：补充语句处只写一条语句。（题分：15分）

程序清单：

```
/* 程序功能: 将一维数组按升序排列后输出 */
/* 注意:请在提示处填上正确的代码,要求: 补充语句处只写一条语句 */
#include <iostream.h>
void sort(int *p,int n)
{
    int i,j,temp;

    for(i=0;i<n-1;i++)           /* 外层循环: 实现比较的趟数 */
    /* 请在两条星线之间填入相应的代码,内层循环: 实现每趟两两比较的次数 */
    /*******************************************************/
        ①
    /*******************************************************/
        if(p[j-1]>p[j])
        {
            temp=p[j-1];
            /* 请在两条星线之间填入相应的代码,实现两个数的交换 */
            /*******************************************************/
                ②
            /*******************************************************/
            p[j]=temp;
```

```
        }
}
void main(void)
{
    int a1[6]={34,13,22,53,4,46},*pi,i;

    /* 请在两条星线之间填入相应的代码，实现指针指向数组 */
    /*************************************************/
        ③
    /*************************************************/
    sort(pi,6) ;
    for(i=0;i<6;i++) cout<<a1[i]<<'\t';
    cout<<endl;
}
```

2. 【简单应用题】（注：以下文件均保存在试题盘 shiti\one\4000248 文件夹中）打开 proj2.cpp 文件，编写 count()函数，计算个人所得税，月收入 5 000 元以上部分需缴纳 20%的税，800 元以上 5 000 元之间部分需缴纳 3%的税，800 元以下的部分免税。在两条星线间填入相应代码，使程序完成该功能。（题分：20 分）

程序清单：

```
/*编写代码完成 Count 函数功能：计算个人所得税，并使用 return 语句把结果返回主函数 */
/*例如，小张月收入 6 000 元，则她缴税(6000-5000)×20%+(5000-800)×3%=326 元 */
/*注意:除在指定位置添加语句外，不要改动程序中的其他内容。补充语句不限一句 */
#include <iostream.h>
double Count(float temf)
{
    /* 请在两条星线之间填入相应的代码，完成应缴税款的计算 */
    /*************************************************/


    /*************************************************/
}
void main()
{
    float tax,income;
    cout<<"请输入你的收入:";
    cin>>income;
    tax=Count(income);
    cout<<"应缴税:"<<tax<<endl;
}
```

3. 【简单操作题】（注：以下文件均保存在试题盘 shiti\one\4000249 文件夹中）打开 proj3.cpp 文件，输入一行字符串，要求将每个单词中的第一个字母改成大写字母（如果已经是大写则不变）（提示：读一行字符用 cin.getline()。）。（题分：20 分）

程序清单：

```
/*程序功能: 输入一行字符串，将每个单词的第一个字母改成大写字母(如果已经是大写则不变)
*/
/* 注意:补充语句不限一句，可多句 */
/* 提示: 读一行字符用 cin.getline() */
#include <iostream.h>
```

```
#include <ctype.h>
void main()
{
    char str[100],*p=str;
    int k=0;

    /* k 为新单词标识，若为新单词 k 为 0，否则 k 为 1 */
    /* 请在两条星线之间填入相应的代码(必须使用 while 循环语句) */
    /*******************************************************/


    /*******************************************************/
}
```

4. 【综合应用题】（注：以下文件均保存在试题盘 shiti\one\4000250 文件夹中）已知一个源程
   序文件 proj4.cpp，其中定义了学生类 Student，但类 Student 的定义并不完整，请按要求完
   成下列操作，将类 Student 的定义补充完整：

   ① 定义 float 型私有数据成员 chinese、math 和 english，表示语、数和英的成绩。

   ② 完成学生类 Student 构造函数定义，初始化数据成员 chinese、math 和 english 的
   值分别为参数 c、m、e。

   ③ 完成成员函数 sum() 的定义，求 Student 对象的总分并输出到屏幕。

   ④ 完成成员函数 average() 的定义，求 Student 对象的平均分并输出到屏幕。

   ⑤ main() 函数创建 Student 类对象 stud，并初始化数据成员为（65.3, 78, 90）。

   程序运行结果如下所示。（题分：25 分）

   总分: 233
   平均分: 77.6667

程序清单：

```
/* 注意:除在指定位置添加语句外，请不要改动程序中的其他内容,补充语句不限一句 */
#include <iostream.h>
class Student
{
    public:
    Student(int c,int m,int e)
    {
        /* 请在两条星线之间填入相应的代码 */
        /* 补充构造函数的定义，把数据成员 chinese、math 和 english 分别初始化为参数 */
        /* c,m,e 的值 */
        /*******************************************************/
            ②
        /*******************************************************/
    }
    void sum()
    {
        /* 请在两条星线之间填入相应的代码 */
        /* 补充完成成员函数 sum() 的定义，求 Student 对象的总分并输出到屏幕上 */
        /*******************************************************/
            ③
        /*******************************************************/
```

```
    }
    void average();
    private:
    /* 请在两条星线之间填入相应的代码，定义私有数据成员 chinese、math 和 english，*/
    /* 分别表示语文、数学和英语的成绩，它们都是 float 型的数据 */
    /*************************************************************/
        ①
    /*************************************************************/
};
/* 请在两条星线之间填入相应的代码 */
/* 完成成员函数 average() 的类外定义，求 Student 对象的平均分并输出到屏幕上 */
/*************************************************************/
    ④
/*************************************************************/
int main()
{
    /* 在两条星线间填入代码，创建 Student 对象 stud 初始化为 (65.3, 78, 90) */
    /*************************************************************/
        ⑤
    /*************************************************************/
    stud.sum();
    stud.average();
    return 0;
}
```

5.2.2　模拟试题二

一、理论题（20分，每小题 1 分）

1. 【单选题】已知 p 是指针变量，则不能初始化指针的值是＿＿＿＿＿＿＿。

    A. NULL　　　　　　B. 1　　　　　　　　C. 0　　　　　　　　D. 地址

2. 【单选题】下列程序的输出结果是＿＿＿＿＿＿＿。

```
#include <iostream.h>
void main()
{   union
    {
        unsigned char a1;
        unsigned int a2[2];
    } c;
    c.a2[0]=0x31;
    c.a2[1]=0x32;
    cout<<c.a1<<endl;
}
```

    A. 一串乱码　　　　　B. 1　　　　　　　　C. 2　　　　　　　　D. 0

3. 【单选题】若有以下函数定义，则执行函数 ff(8) 调用后，其返回值是＿＿＿＿＿＿＿。

```
#include <iostream.h>
int ff(int x)
{   int p;
    if(x==0) return 1;
```

```
        p=x-ff(x-1);
        return p;
}
```

    A. 1   B. 9   C. 7   D. 5

4. 【单选题】以下不能对数组 x 进行正确初始化的语句是_____。

    A. int x[5]={1,2,3,4,5};   B. int x[5]={1,2,3};

    C. int x[]={};   D. int x[]={1,2,3,4,5};

5. 【单选题】若 n 为整型变量，则以下循环的执行次数是_____。

```
for(n=2;n-->0;);
```

    A. 无限次   B. 2   C. 1   D. 0

6. 【单选题】已知 x 是整型变量，则执行下面的程序段后，x 的值是_____。

```
switch(x=0)
{   case 0:x--;
    case 1:x--;
    case 2:x--;
}
```

    A. 0   B. −3   C. −1   D. −2

7. 【单选题】下面程序段执行时，while 循环执行的次数是_____。

```
int m=0;
while(m=1)m--;
```

    A. 循环不会被执行   B. 0   C. 会出现死循环   D. 1

8. 【单选题】以下对字符数组初始化的语句，正确的是_____。

    A. char str[3]="xyz"   B. char str[ ]="123";

    C. char str[1]='0';   D. char str[2]={ '12'};

9. 【单选题】以下运算符中优先级最高的是_____。

    A. &&   B. !   C. >   D. %

10. 【单选题】若已定义：int a[10],*pp=a;则不能表示 a[1]地址的表达式是_____。

    A. a+1   B. pp++   C. pp+1   D. ++a

11. 【单选题】下面程序的运行结果是_____。

```
#include <iostream.h>
class X{
        int x;
    public:
        X(){x=0;}
        X(int xx){x=xx;}
        virtual void print(){cout<<x<<" ";}
};
class XX:public X{
        int y;
    public:
        XX(){y=0;}
        XX(int yy){y=yy;}
        void print(){cout<<y<<" ";}
};
void main()
```

```
{
    X x1(1),*p;XX x2(2);
    p=&x1;p->print();
    p=&x2;p->print();
}
```

A. 0 0   B. 1 1   C. 1 2   D. 3 3

12. 【单选题】以下选择中，_____是正确的函数声明。

    A. int sub(int x,int y){...}   B. int sub(){...}

    C. int sub(x,y);   D. int sub(long,long);

13. 【单选题】在 C++中，不是输入流类的是_____。

    A. istrstream   B. istream   C. ifstream   D. cin

14. 【单选题】下面程序的运行结果是_____。

```
#include <iostream.h>
void main()
{
    int x[3][2]={1,2,3,4,5,6},*p,i;
    p=&x[0][0];
    for(i=0;i<6;i++)  *(p+i)=*p;
    cout<<*p+3;
}
```

A. 3   B. 4   C. 1   D. 2

15. 【单选题】下列说法中，不正确的是_____。

    A. 运算符重载函数只能是成员函数   B. 运算符重载函数可以是普通函数

    C. 运算符重载函数可以是友元函数   D. 运算符重载函数可以是成员函数

16. 【单选题】若变量 x 和 y 均为 int 类型，且 x=y=1，则表达式 y==x+1 的值为_____。

    A. 2   B. 无正确结果   C. 0   D. 1

17. 【单选题】以下不能对数组 x 进行正确初始化的语句是_____。

    A. int x[3]={0,1,2,3};   B. int x[3]={1,2,3};

    C. int x[3]={0,1,2};   D. int x[3]={0,1,2,};

18. 【单选题】下列关于数组初始化的说法不正确的是_____。

    A. "char s[10]={'a','b','c'};"不合法，因为数组长度为 10，而初始值仅有 3 个

    B. "char s[10]={'a','b','c','d','e','f','g','h','i'};"表示 s[9]元素值为空字符

    C. 对于"char s[10];"，它的元素初值是不确定的

    D. 若对数组 s 定义："static char s[10];"，则数组元素值均为空字符

19. 【单选题】以下合法的字符串定义是_____。

    A. char a[1]='x';   B. char a[ ]="Visual";

    C. char a[3]="C++";   D. char a[2]={'12'};

20. 【单选题】若 x、y、z 均为 int 型变量，则表达式 2||y%x&&!z 的值是_____。

    A. 0   B. 1   C. 不确定的   D. 2

二、操作题（80分）

1. 【简单操作题】（注：以下文件均保存在试题盘 shiti\two\4000239 文件夹中）打开 proj1.cpp 文件，以下程序把一个十进制整数转换成二进制数，并把此二进制数的每一位放在一维数组 b 中，然后输出 b 数组（二进制数的最低位放在数组的第一个元素中），在提示处填上

正确的表达式。（题分：15分）

程序清单：

```
/*程序功能:把一个十进制整数转换成二进制数,并把此二进制数的每一位放在一维数组b中 */
/* 然后输出b数组，(二进制数的最低位放在数组的第一个元素中) */
/* 注意:请在提示处填上正确的代码，补充语句为一句 */
/* 提示: 利用2辗转相除至结果为0，将余数从下向上倒序读出，就是结果 */
/* 如: 十进制数6 */
/* 6/2=3 余0 */
/* 3/2=1 余1 */
/* 1/2=0 余1 */
/* 结果为110 */
#include <iostream.h>
void main()
{
    /* 变量的定义，其中b[16]为数组，x为十进制数，r为余数，i为循环变量 */
    int b[16],x,k,r,i;
    cout<<"请输入一个十进制数:";
    cin>>x;
    k=-1;    /* k为数组下标，初值为-1 */
    do
    {
        r=x%2;
        k++;
        /* 请在两条星线之间填入相应的代码，完成二进制数的每一位放在一维数组b中 */
        /*****************************************************************/
            ①
        /*****************************************************************/
        x/=2;
    }
    /* 请在两条星线之间填入相应的代码，完成循环条件的判断 */
    /*****************************************************************/
        ②
    /*****************************************************************/
    for(i=k;i>=0;i--)
        /* 请在两条星线之间填入相应的代码，完成存放二进制数组b的输出 */
        /*****************************************************************/
            ③
        /*****************************************************************/
    cout<<endl;
}
```

2.【简单应用题】（注：以下文件均保存在试题盘 shiti\two\4000240 文件夹中）打开 proj2.cpp
   文件，编写一个函数，统计出具有n个元素的一维数组中，大于等于所有元素平均值的元
   素个数并返回它。在两条星线之间填入相应的内容，使程序完成该功能（注：要求使用
   for循环语句）。（题分：20分）

程序清单：

```
/* 编写代码实现Count()函数功能: 统计具有n个元素的一维数组中，大于等于所有元素 */
/* 平均值的元素个数，并使用return语句把结果返回主函数 */
```

```
/* 注意:除在指定位置添加语句外, 请不要改动程序中其他内容。补充语句不限一句 */
#include <iostream.h>
int Count(double a[],int n)
{
    /* 请在两条星线之间填入相应的代码(注: 要使用 for 循环语句) */
    /***********************************************************/


    /***********************************************************/
}
void main()
{
    double a[10]={13.3,45.7,6,84.6,90.8,23,63.5,15,33,76};
    int result;
    result=Count(a,10);
    cout<<"大于平均值的元素个数为:"<<result<<endl;
}
```

3. 【简单操作题】(注：以下文件均保存在试题盘 shiti\two\4000241 文件夹中) 打开 proj3.cpp 文件，编程实现，任输入一个正整数 num，求 1+2+3+…+num 的和 (注：必须使用 while 循环语句)(题分：20 分)

程序清单：

```
/* 程序功能: 任输入一个正整数 num, 求 1 + 2 + 3+…+num 的和 */
/* 注意:补充语句不限一句, 可多句 */
#include <iostream.h>
void main()
{
    /* 请在两条星线之间填入相应的代码(必须使用 while 循环语句) */
    /***********************************************************/


    /***********************************************************/
}
```

4. 【综合应用题】(题分：25 分)(注：以下文件均保存在试题盘 shiti\two\4000242 文件夹中) 已知一个源程序文件 proj4.cpp，其中定义了用于表示日期的类 Date，但类 Date 的定义并不完整。请按要求完成下列操作，将类 Date 的定义补充完整：

① 定义私有数据成员 year、month 和 day 分别表示年、月、日，它们都是 int 型数据。

② 完成默认构造函数 Date 的定义，使 Date 对象的默认值为 year=1、month=1、day=1。

③ 定义重载构造函数 Date(int y,int m,int d)，初始化数据成员 year、month 和 day 为参数 y、m、d 的值。

④ 完成成员函数 print() 的类定义，使其以"年-月-日"的格式将 Date 对象的值输出到屏幕上。

⑤ 在 main() 函数中向 Date 类对象 national_day 发送 print 消息。

程序运行结果如下：

```
1949 年 10 月 1 日
```

程序清单：

```
/*注意:除在指定位置添加语句外，请不要改动程序的其他内容，补充语句不限一句，可多句 */
#include <iostream.h>
class Date
{
    public:
    /* 请在两条星线之间填入相应的代码 */
    /* 完成默认构造函数 Date 的定义，使 Date 对象默认值: year=1,month=1,day=1 */
    /********************************************************************/
        ②
    /********************************************************************/
    Date(int y,int m,int d)
    {
        /* 请在两条星线之间填入相应的代码 */
        /* 补充完成重载构造函数 Date(int y,int m,int d) 的定义，把数据成员 */
        /* year、month 和 day 分别初始化为参数 y、m、d 的值 */
        /****************************************************************/
            ③
        /****************************************************************/
    }
    void print() const;
    private:
    /* 请在两条星线之间填入相应的代码 */
    /* 补充数据成员的定义: 私有数据成员 year、month 和 day 分别表示年、月、日, */
    /* 它们都是 int 型的数据 */
    /********************************************************************/
        ①
    /********************************************************************/
};
void Date::print()const
{
    /* 请在两条星线之间填入相应的代码 */
    /* 补充成员函数 print() 的类外定义，使其以" 年 - 月 - 日" 的格式将 Date 对象*/
    /* 的值输出到屏幕 */
    /********************************************************************/
        ④
    /********************************************************************/
}
int main()
{
    Date national_day(1949,10,1);
    /* 请在两条星线间填入代码，向 Date 类对象 national_day 发送 print 消息 */
    /********************************************************************/
        ⑤
    /********************************************************************/
    return 0;
}
```

5.2.3　模拟试题三

一、理论题（20分，每小题1分）

1.【单选题】已定义一个整型变量 x，则表达式 x=1、x++、x+2 的值是_____。

    A. 1　　　　　　　　B. 2　　　　　　　　C. 3　　　　　　　　D. 4

2.【单选题】以下选项中不正确的实型常量是_____。

A. 2.607E–1 　　　　B. 0.8103e2.1 　　　　C. –77.77 　　　　D. 456e–2

3.【单选题】以下选项中不合法的用户标识符是_____。

A. abc.c 　　　　B. file 　　　　C. Main 　　　　D. PRINTF

4.【单选题】C 语言中运算对象必须是整型的运算符是_____。

A. % 　　　　B. / 　　　　C. ! 　　　　D. **

5.【单选题】若 a、b、c、d 都是 int 类型变量且初值为 0，以下选项中不正确的赋值语句是_____。

A. a=b=c=100; 　　B. d=(c=22)–(b++); 　　C. c+=b; 　　D. d++;

6.【单选题】C 语言中不合法的字符常量是_____。

A. '\0xff' 　　　　B. '\65' 　　　　C. '&' 　　　　D. '\028'

7.【单选题】对象的初始化是通过_____实现的。

A. 友元函数 　　　　B. 构造函数 　　　　C. 析构函数 　　　　D. 递归函数

8.【单选题】已知 x=496，则执行 printf("*%06d*\n",x);后输出的是_____。

A. *496   *

B. *   496*

C. *000496*

D. 输出格式符不合法

9.【单选题】若有以下程序段，其输出结果是_____。

```
int  a=0,c=0;
c=(a-=a-5);
cout<<a<<c<<endl;
```

A. 00 　　　　B. 55 　　　　C. –55 　　　　D. –10–10

10.【单选题】设 a=3，b=4，c=5，则逻辑表达式!(a+b)+c–1 && b+c/2 的值是_____。

A. –1 　　　　B. 0 　　　　C. 1 　　　　D. true

11.【单选题】以下程序的输出结果是_____。

```
#include <iostream.h>
void main()
{
    int  w=4,x=3,y=2,z=1;
    cout<< (w<x?w:z<y?z:x)<<endl;
}
```

A. 1 　　　　B. 2 　　　　C. 3 　　　　D. 4

12.【单选题】若执行以下程序时从键盘上输入 3 和 4，则输出结果是_____。

```
#include <iostream.h>
void main()
{
    int a,b,s;
    cin>>a>>b;
    s=a;
    if(a<b)s=b;
    s^=s;
    cout<<s<<endl;
}
```

A. 14 　　　　B. 16 　　　　C. 18 　　　　D. 20

13.【单选题】以下程序段的输出结果是_____。

```
int  k,j,s;
for(k=2;k<6;k++,k++)
```

```
{
    s=1;
    for(j=k;j<6;j++)  s+=j;
}
cout<<s<<endl;
```

    A. 9   B. 1   C. 11   D. 10

14. 【单选题】以下正确的函数原型为＿＿＿＿＿＿＿＿。

    A. ff(int x, int y)   B. void ff(x,y);   C. void ff(int x,y);   D. void ff(int, int);

15. 【单选题】以下叙述正确的是＿＿＿＿＿＿＿＿。

    A. do...while 语句构成的循环不能用其他语句构成的循环来代替

    B. do...while 语句构成的循环只能用 break 语句退出

    C. 用 do...while 语句构成循环时，在 while 后的表达式为非零时结束循环

    D. 用 do...while 语句构成循环时，在 while 后的表达式为零时结束循环

16. 【单选题】若有以下程序：

```
#include <iostream.h>
class CC
{
    char c1,c2;
    public:
    CC(char a,char b){c1=a;c2=b;}
    ~CC()
    {
        cout<<c1<<c2<<endl;
    }
    void disp()
    {
        if(c1>c2) cout<<c1<<">"<<c2<<endl;
        else cout<<c2<<">"<<c1<<endl;
    }
};
void main()
{
    CC c('X','Y');
    c.disp();
}
```

则程序运行后的输出结果是＿＿＿＿＿＿＿＿。

    A. XY   B. Y>X   C. Y>X   D. XY

        Y>X   XY

17. 【单选题】以下程序段的输出结果是＿＿＿＿＿＿＿＿。

```
char c1='A',c2='Y';
cout<<c1<<c2<<endl;
```

    A. 因输出格式不合法，无正确输出   B. 6590

    C. AY   D. 6589

18. 【单选题】以下说法中正确的是＿＿＿＿＿＿＿＿。

    A. C 语言程序总是从第一个定义的函数开始执行

B. 在 C 语言程序中，要调用的函数必须在 main()函数中定义

C. C 语言程序总是从 main()函数开始执行

D. C 语言程序中的 main()函数必须放在程序的开始部分

19.【单选题】以下程序的输出结果是_____。

```cpp
#include <iostream.h>
int xyz(int a,int b)
{   int c;
    c=a+b;
    return c;
}
void main()
{   int x=6,y=7,z=8,r;
    r=xyz((x--,y++,x+y),z--);
    cout<<r<<endl;
}
```

A. 11　　　　　　　B. 20　　　　　　　C. 21　　　　　　　D. 31

20.【单选题】若有定义: int x, *pb;, 则以下正确的赋值表达式是_____。

A. pb=&x　　　　　B. pb=x　　　　　C. *pb=&x　　　　　D. *pb=*x

二、操作题（80 分）

1.【简单操作题】（注: 以下文件均保存在 shiti\three\4000202 文件夹中）打开 proj1.cpp 文件，程序的功能是计算 1～100 以内所有含 5 的数之和。在两条星线之间填入相应的内容，使程序完成该功能（注意: 不得改动其他代码，不得更改程序结构）。（题分: 15 分）

程序清单:

```cpp
#include <iostream.h>
void main()
{
    int i,s=0;
    /************************************************************/

    /************************************************************/

    cout<<"Ths result is "<<s<<endl;
}
```

2.【简单操作题】（注: 以下文件均保存在 shiti\three\4000205 文件夹中）打开 proj2.cpp 文件，程序的功能是统计一个字符串中包含英文字母的个数。在两条星线之间填入相应的内容，使程序完成该功能（注意: 不得改动其他代码，不得更改程序结构）。（题分: 20 分）

程序清单:

```cpp
#include <iostream.h>
#include <string.h>
#include <stdio.h>
void main()
{
    char text[200];int n=0;
    cout<<"输入一个字符串: "<<endl;
```

```
    gets(text);
    /*****************************************************************/



    /*****************************************************************/
    cout<<"英文字母的个数是: "<<n<<endl;
}
```

3. 【简单应用题】（注：以下文件均保存在 shiti\three\4000212 文件夹中）打开 proj3.cpp 文件，编写程序，输入 10 个学生的考试成绩，然后输出不低于平均分的分数。在两条星线之间填入相应的内容，使程序完成该功能（注意：不得改动其他代码，不得更改程序结构。）（题分：20 分）

程序清单：

```
#include <iostream.h>
void main()
{
    //*****************************************************************


    //*****************************************************************
}
```

4. 【综合应用题】（注：以下文件均保存在 shiti\three\4000214 文件夹中）打开 proj4.cpp 源程序文件，其中定义一个正方形类 Square，但类 Square 的定义并不完整。请按要求完成下列操作，将类 Square 的定义补充完整：（题分：25 分）

　　① 定义私有数据成员 r、p 和 s 分别表示正方形的边长、周长和面积，它们都是 float 型数据。

　　② 完成构造函数 Square (float d=0)的定义，当参数默认时将数据成员 r 的值设置为 0，否则设置为参数 d 的值。

　　③ 完成成员函数 void perimeter()的定义，计算周长（注：正方形周长：p=4*r）。

　　④ 完成成员函数 void area()的定义，计算面积（注：正方形的面积为：s=r*r）。

　　⑤ 完成成员函数 void print()的类定义，输出 square 对象的边长、周长和面积。

　　⑥ main()函数中创建 Square 类对象 square，初始化数据成员为 4.0，再向 square 对象发送 perimeter 消息。

　　程序运行后的输出结果如下：

```
边长: 4
周长: 16
面积: 16
```

程序清单：

```
/*注意:除在指定位置添加语句外，不要改动程序中的其他内容，补充语句不限一句，可多句 */
#include <iostream.h>
class Square
{
    public:
        Square(float d=0)
        {
            /* 在两条星线间填入代码，完成构造函数 Square(float d=0)定义，  */
            /* 当参数缺省时设置数据成员 r 的值为 0，否则设置为参数 d 的值 */
```

```
            /****************************************************/
            ②
            /****************************************************/
    }
    void perimeter()
    {
        /* 请在两条星线之间填入相应代码，完成成员函数void perimeter()定义，*/
        /* 计算出周长。(注：正方形的周长为：p=4*r) */
        /****************************************************/
            ③
        /****************************************************/
    }
    void area()
    {
        /* 请在两条星线之间填入代码，完成成员函数void area()的定义， */
        /* 计算出面积。(注：正方形的面积为：s=r*r) */
        /****************************************************/
            ④
        /****************************************************/
    }
    void print();      /* 显示输出正方形的边长、周长和面积值的成员函数 */
    private:
        /* 请在两条星线之间填入相应的代码 */
        /* 定义私有数据成员r、p和s，表示正方形的边长、周长和面积，它们都是 */
        /* float型数据 */
        /****************************************************/
            ①
        /****************************************************/
};

/* 请在两条星线之间填入相应的代码，完成成员函数print()的类外定义，将square对象 */
/* 的边长、周长和面积值输出到屏幕上 */
/********************************************************/
            ⑤
/********************************************************/
int main()
{
    /* 请在两条星线间填入代码，创建Square类对象square并初始化其数据成员为4.0，*/
    /* 然后向square对象发送perimeter消息 */
    /********************************************************/
            ⑥
    /********************************************************/
    square.area();
    square.print();
    return 0;
}
```

5.2.4　模拟试题四

一、理论题（20分，每小题1分）

1.【单选题】若有如下定义：

```
class ty
{   public:
        int n;
        void print() {cout<<n;}
} x,*p=&x;
```

则下列表达式中，_____是错误的。

A. p->n=5　　　　　B. (*p).print()　　　　　C. p.n　　　　　D. x.n=5

2.【单选题】下面能正确使用的语句是_____。

A. int *x,y;x=&y;　　　　　　　　　B. int *x;*x=1;

C. int *x,y=1;x=y;　　　　　　　　　D. int *x;y=1;x=&y;

3.【单选题】已知 int x=3;，下面的 do...while 语句执行时循环次数为_____。

```
do{
    --x;
} while(x!=0);
```

A. 3　　　　　B. 2　　　　　C. 1　　　　　D. 无限

4.【单选题】已知有如下共用体变量 data，则 data 所占的字节数是_____。

```
union
{   char a[4];
    int b[3];
    long c[2];
} data;
```

A. 24　　　　　B. 12　　　　　C. 9　　　　　D. 8

5.【单选题】一个 C++语言程序是由_____。

A. 函数组成　　　　　　　　　B. 一个主程序和若干子程序组成

C. 若干子程序组成　　　　　　　D. 若干过程组成

6.【单选题】可以赋给指针变量的唯一整数是_____。

A. 0　　　　　B. 1　　　　　C. 2　　　　　D. 3

7.【单选题】若变量 x 和 y 均为 double 类型，且 x=1，则合法的语句是_____。

A. x=x&y;　　　　　　　　　B. x=y++;

C. y=x%2;　　　　　　　　　D. x=y++=1;

8.【单选题】下面程序的运行结果是_____。

```
#include <iostream.h>
#include <string.h>
void main()
{   char s[]="abc",*p=s;
    int i;

    for(i=strlen(p)-1;i>0;i--) cout<<p[i];
}
```

A. abcbc　　　　　B. cbabc　　　　　C. cba　　　　　D. cb

9. 【单选题】以下运算符中优先级最高的是_____。

    A. ++　　　　　　　　B. *　　　　　　　　C. %　　　　　　　　D. >>

10. 【单选题】下面程序的运行结果是_____。

```
#include <iostream.h>
class X{
        int x;
    public:
        X(){x=0;}
        X(int xx){x=xx;}
        virtual void prt(){cout<<x;}
};
class Y:public X{
        int y;
    public:
        Y(){y=0;}
        Y(int yy){y=yy;}
        void prt(){cout<<y;}
};
void main()
{   X x(10),z;Y y(11);
    z=x;z.prt();
    z=y;z.prt();
}
```

    A. 100　　　　　　　　B. 1011　　　　　　　　C. 1010　　　　　　　　D. 编译出错

11. 【单选题】下面程序的运行结果是_____。

```
#include <iostream.h>
void main()
{   int x=1,y=-1,z=2;

    if (x>y)
        if(y>0) z=0;
        else z++;
    else x++;

    cout<<x<<z<<endl;
}
```

    A. 22　　　　　　　　B. 23　　　　　　　　C. 12　　　　　　　　D. 13

12. 【单选题】在C++中，要实现动态联编，必须使用_____调用虚函数。

    A. 派生类指针　　　　B. 类名　　　　　　　C. 对象名　　　　　　D. 基类指针

13. 【单选题】下面程序的运行结果是_____。

```
#include <iostream.h>
void main()
{   int x,y;

    for(x=1,y=1;x<=100;x++)
    {   if(y>=10) break;
        if(y%3==1){y+=3;continue;}
```

```
        y-=5;
    }


    cout<<x<<endl;
}
```

    A. 4   B. 6   C. 5   D. 3

14. 【单选题】执行下面程序后，x 的值是_____。

```
#include <iostream.h>
#define T(x) x+x
void main()
{   int a=10,b=1,c=2;
    a/=T(c+b)/T(a);
    cout<<a<<endl;
}
```

    A. 1   B. 10   C. 0   D. 2

15. 【单选题】有以下 C++程序，该程序_____。

```
#include <iostream.h>
void main()
{   int x;
    do {cout<<++x;} while(!x);
}
```

    A. 陷入死循环   B. 编译时出错

    C. 运行时无结果输出   D. 输出值不正确

16. 【单选题】设有以下说明语句，则下面的叙述不正确的是_____。

```
struct student
{   int x;
    float y;
} stu;
```

    A. stu 是用户定义的结构体类型名

    B. struct student 是用户定义的结构体类型

    C. struct 是结构体类型的关键字

    D. x 和 y 都是结构体成员名

17. 【单选题】下列选项中，指向数组指针 pt 的是_____。

    A. (int *)pt[5]   B. int *pt[5]   C. int (*pt)[5]   D. int *pt[]

18. 【单选题】在 C++中，不是输出流类的是_____。

    A. cout   B. ostream   C. ostrstream   D. ofstream

19. 【单选题】以下说法中，不正确的是_____。

    A. 只能重载已有的运算符

    B. 重载运算符的优先级和原来未重载的运算符的优先级相同

    C. 重载不能改变运算符的结合律和操作数的个数

    D. 运算符函数必须是成员函数

20. 【单选题】若有以下函数定义，则执行函数 num(1,1)调用后，其输出结果是_____。

```
void num(int x,int y)
{
```

```
    int i,t;

    for(i=0;i<2;i++)
    {   cout<<x+y<<"  ";
        t=x+y;x=y+t;y=x+t;
    }
}
```

A. 5 8　　　　　　B. 3 4　　　　　　C. 1 2　　　　　　D. 2 8

二、操作题（80分）

1. 【简单操作题】(注：以下文件均保存在试题盘 shiti\four\4000243 文件夹中)打开 proj1.cpp 文件，从键盘上输入 10 个数据并保存到一个一维数组里，用一个函数求出该数组中最大值和最小值，并在主函数中输入与输出。在两条星线之间填入相应的代码，使程序完成该功能。（题分：15 分）

程序清单：

```
/* 程序功能: 一维数组中存放 10 个数据,用一个函数求出最大值和最小值,在主函数中 */
/* 输入与输出 */
/* 提示:除在指定位置添加语句外,请不要改动程序中其他内容。要求: 补充语句处只写 */
/* 一条语句 */
#include <iostream.h>
#define N 10    /* 定义符号常量 N,表示数组元素的个数 */
void max_min(int a[],int *max,int *min);
void main()
{
    int i;
    int array[10];
    int m,n;

    cout<<"input 10 data:";
    for(i=0;i<10;i++)
    {
        cin>>array[i];
    }

    /* 请在两条星线之间填入相应的代码,完成函数调用,此函数功能为求最大值和最小值 */
    /*********************************************/
        ①
    /*********************************************/

    cout<<"max is :"<<m<<endl;
    cout<<"min is :"<<n<<endl;
}
void max_min(int a[],int *max,int *min)
{
    *max=*min=a[0];
    int i;

    for(i=1;i<N;i++){
```

```
        if(*max<a[i])
            /* 请在两条星线之间填入相应的代码，求最大值 max */
            /***************************************************/
                    ②
            /***************************************************/
        if(*min>a[i])
            /* 请在两条星线之间填入相应的代码，求最小值 min */
            /***************************************************/
                    ③
            /***************************************************/
    }
}
```

2. 【简单应用题】（注：以下文件均保存在试题盘 shiti\four\4000244 文件夹中）打开 proj2.cpp，用递归函数求 t=1*3*5*7*…*(2n−1)的值（n>=1），调用递归函数求出 t 值，最后输出 t 值。在两条星线之间填入相应的代码，使程序完成该功能。（题分：20 分）

程序清单：

```
/* 编写代码完成 fun（）函数功能：求 t=1*3*5*7*…*(2n−1)的值,并使用 return 语句把*/
/* 结果返回主函数 */
/* 注意:除在指定位置添加语句之外，请不要改动程序中的其他内容。补充语句处可写多条语句 */
#include <iostream.h>
long fun(int n)
{
    static long s=1;

    /* 请在两条星线之间填入相应的代码(注: 要使用递归算法)  */
    /***********************************************/

    /***********************************************/
}
void main()
{
    long t;
    int n;
    cout<<"求 t=1*3*5*7*...*(2n-1)的值"<<endl;
    cout<<"请输入 n 值:";
    cin>>n;
    t=fun(2*n-1);
    cout<<"1*3*...*"<<(2*n-1)<<"的值:"<<t<<endl;
}
```

3. 【简单操作题】（注：以下文件均保存在试题盘 shiti\four\4000245 文件夹中）打开 proj3.cpp 文件，编写一个程序，从键盘输入两个字符串，将它们连接起来，并输出连接后的字符串，要求利用指针实现。在两条星线之间填入相应的代码，使程序完成该功能（注：不能使用 strcat()库函数。）。（题分：15 分）

程序清单：

```
/* 程序功能: 从键盘输入的两个字符串，将它们连接起来，并输出连接后的字符串 */
/* 补充语句处可写多条语句 */
#include <iostream.h>
```

```
void main()
{
    /*请在两条星线之间填入相应的代码(注: 不能使用 strcat()库函数,必须使用指针实现) */
    /*******************************************************************/

    /*******************************************************************/
}
```

4. 【综合应用题】(注：以下文件均保存在试题盘 shiti\four\4000246 文件夹中) 已知一个源程序文件 proj4.cpp，已经构建好了一个基类 Building，用来存储一座楼房的层数、房间数以及它的总平方英尺数。现需要建立派生类 Housing，公共继承 Building，并存储下面的内容：卧室和浴室的数量。然后编制应用程序，建立住宅楼对象，并输出它们的有关数据。(题分：25 分)

　① 完成派生类 Housing 对基类 Building 的公共继承声明。

　② 定义 int 型私有数据成员 bedrooms 和 bathrooms，表示卧室和浴室的数量

　③ 完成派生类 Housing 的构造函数的定义，并实现数据成员的初始化。

　④ 完成成员函数 show()的定义，将 Housing 对象的值输出到屏幕上。

　⑤ 在 main()函数中创建 Housing 类对象 hob 并初始化数据成员为（5,7,140,2,2）。

输出结果如下：

```
HOUSING:
floors:5
rooms:7
total area:140
bedrooms:2
bathrooms:2
```

程序清单：

```
/* 注意:除在指定位置添加语句之外，请不要改动程序中的其他内容，补充语句不限一句，可多句 */
#include <iostream.h>
class Building
{
    public:
        Building(int f,int r,double ft)
        {
            floors=f;
            rooms=r;
            footage=ft;
        }
        void show()
        {
            cout<<" floors: "<<floors<<endl;
            cout<<" rooms: "<<rooms<<endl;
            cout<<" total area: "<<footage<<endl;
        }
    protected:
        int floors;
        int rooms;
        double footage;
```

```
};
/* 请在两条星线间填入代码，完成派生类 Housing 对基类 Building 的公共继承声明 */
/*************************************************************/
    ①
/*************************************************************/
{
    public:

        /* 请在两条星线之间填入相应的代码 */
        /*完成派生类 Housing 带参构造函数定义,实现数据成员初始化,参数名称可自定 */
        /*************************************************************/
                ③
        /*************************************************************/
        void show()
        {
            cout<<"\nHOUSING:\n";

            /* 请在两条星线之间填入相应的代码 */
            /* 补充完成成员函数 show() 的定义，将 Housing 对象的值输出到屏幕上 */
            /*************************************************************/
                ④
            /*************************************************************/
        }
    private:
        /* 请在两条星线间填入代码 */
        /* 定义私有数据成员 bedrooms 和 bathrooms，表示卧室和浴室数量，都是 */
        /* int 型数据 */
        /*************************************************************/
            ②
        /*************************************************************/
};
void main()
{
    /* 请在两条星线间填入代码，创建 Housing 类对象 hob 并初始化数据成员 */
    /* 为(5,7,140,2,2) */
    /*************************************************************/
        ⑤
    /*************************************************************/
    hob.show();
}
```

5.2.5　模拟试题五

一、理论题（20分，每小题1分）

1.【单选题】下面 while 循环执行的次数是_____。

```
int i=0,x=0;
while (!x&&i<3){x++;i++;}
```

A. 2次　　　　　　B. 0次　　　　　　C. 1次　　　　　　D. 无限次

2.【单选题】以下正确的函数声明是_____。

A. f(int x; int y);   B. void f(intx,y);   C. void f(x,y);   D. void f(int,int);

3.【单选题】已知 int a[10]={0,1,2,3,4,5,6,7,8,9},*p=a;，不能表示数组 a 中元素的式子是_____。

    A. a   B. *p   C. *a   D. a[p-a]

4.【单选题】在类定义的外部，可以被访问的成员有_____。

    A. public 或 private 的类成员   B. public 的类成员

    C. private 或 protected 的类成员   D. 所有类成员

5.【单选题】若有 int x=1,y=1,i=0;，则下列选项中错误的是_____。

    A. if (x+y) i++;   B. if (x||y) i++;   C. if (x=y) i--;   D. if(xy)i--;

6.【单选题】有关构造函数的说法中不正确的是_____。

    A. 构造函数可以有参数，所以也可以有返回值

    B. 构造函数可以设置默认参数

    C. 系统可以提供默认的构造函数

    D. 构造函数可以重载

7.【单选题】若有 int a=2;，执行下列语句后 a 的值为_____。

```
switch(a)
{   case 1:a++;
    case 2:a--;
    case 3:++a;break;
    case 4:--a;
    default:a++;
}
```

A. 4   B. 3   C. 1   D. 2

8.【单选题】以下程序运行的结果是_____。

```
#include <iostream.h>
void main()
{
    int a=0,b=1,c=0,d=20;

    if(a) d-=10;
    else if(!b)
    if(!c)d=15;
    else d=25;

    cout<<d<<endl;
}
```

A. 25   B. 15   C. 10   D. 20

9.【单选题】下列程序的输出结果是_____。

```
#include <iostream.h>
void main()
{   int i,j,x=0;

    for(i=0;i<=3;i++)
    {   x++;
        for(j=0;j<=3;j++)
```

```
        {   if(j%2)continue;
            x++;
        }
        x++;
    }

    cout<<x<<endl;
}
```

A. 10   B. 8   C. 12   D. 16

10.【单选题】执行下列语句后，y 的值是_____。

```
int x=1,y=1;
++x||++y;
```

A. 2   B. 0   C. 1   D. 不确定

11.【单选题】下列叙述中不正确的是_____。

A. 当函数调用完后，静态局部变量的值不会消失

B. 局部变量若不初始化，则系统默认它的值为 0

C. 使用全局变量可以从被调用函数中获取更多个操作结果

D. 全局变量若不初始化，则系统默认它的值为 0

12.【单选题】下列程序的输出结果是_____。

```
#include <iostream.h>
int f1(int a,int b)
{
    int c;
    c=b%2;
    return a+c;
}
int f2(int a,int b)
{   int c;

    a+=a;b+=b;
    c=f1(a+b,++b);

    return c;
}
void main()
{
    int a=3,b=4;
    cout<<f2(a,b)<<endl;
}
```

A. 20   B. 15   C. 21   D. 16

13.【单选题】下列程序的输出结果是_____。

```
#include <iostream.h>
void main()
{
    char a[10],b[]="China";
    a=b;
```

```
        cout<<a<<endl;
}
```
A. 程序出错 　　　　　B. China 　　　　　C. Ch 　　　　　D. C

14. 【单选题】下列程序的执行结果是_____。

```
#include <iostream.h>
void main()
{
    int a[9]={1,2,3,4,5,6,7,8,9},*p=a,s=0;

    for(;p<a+9;p++)
        if(*p%2==0) s+=*p;

    cout<<s<<endl;
}
```
A. 45 　　　　　B. 20 　　　　　C. 25 　　　　　D. 不确定

15. 【单选题】定义结构体变量如下，对此结构体变量中元素的正确引用形式是_____。

```
struct x
{
    int a;
    char c;
}b,*p;
p=&b;
```
A. *p.a 　　　　　B. b->a 　　　　　C. (*p).c 　　　　　D. p.c

16. 【单选题】在一个 c++ 程序中，main() 函数的位置_____。
　　A. 必须在其他函数中间 　　　　　　　B. 必须在程序的开头
　　C. 必须在程序的后面 　　　　　　　　D. 可以在其他函数之外的任何地方

17. 【单选题】下列错误的十六进制整型常数表示是_____。
　　A. 0x2f 　　　　　B. 0x88 　　　　　C. 0xg 　　　　　D. 0xaf

18. 【单选题】执行语句 int a=20,*p=&a; 后，下列描述错误的是_____。
　　A. p 指向整型变量 a 　　　　　　　　B. p 的值是变量 a 的地址
　　C. *p 表示变量 a 的值 　　　　　　　D. p 的值为 20

19. 【单选题】下列运算符中优先级最低的是_____。
　　A. ! 　　　　　B. && 　　　　　C. ?: 　　　　　D. !=

20. 【单选题】设 a=1，b=2，c=3，d=4，则条件表达式 a<b?a:c<d?c:d 是_____。
　　A. 3 　　　　　B. 1 　　　　　C. 2 　　　　　D. 4

二、操作题（80分）

1. 【简单操作题】（注：以下文件均保存在试题盘 shiti\five\4000251 文件夹中）打开 proj1.cpp 文件，输入一个长整数，求各位数字的平方和。例如输入 -123，输出 sum=14。（题分：15分）

程序清单：

```
/* 程序功能：输入 1 个长整数，求各位数字的平方和 */
/* 例如输入:-123,输出:1 的平方+2 的平方+3 的平方=14 */
/* 提示:除在指定位置添加语句之外，请不要改动程序中的其他内容，补充语句为一句 */
#include <iostream.h>
```

```
void main()
{
    int digit;/* digit 为组成长整数的数字 */
    long in,s;/* in 为输入的长整数，s 为平方和 */

    cout<<"请输入一个长整数:";
    cin>>in;
    /* 请在两条星线之间填入相应的代码，实现如果输入负数，则转换成正数 */
    /***************************************************************/
        ①
    /***************************************************************/
    s=0;
    while(in>0)
    {
        /* 请在两条星线之间填入相应的代码，求长整数的各位数字 */
        /***********************************************************/
            ②
        /***********************************************************/
        s=s+digit*digit;

        /* 请在两条星线之间填入相应的代码，实现修改长整数的值 */
        /***********************************************************/
            ③
        /***********************************************************/
    }

    cout<<"sum="<<s<<endl;
}
```

2. 【简单应用题】（注：以下文件均保存在试题盘 shiti\five\4000252 文件夹中）打开 proj2.cpp 文件，编写一函数，根据某一年的年份和月份，计算该月的天数，如果输入的是 1、3、5、7、8、10、12 月，对应天数为 31 天；如果输入的是 4、6、9、11 月，对应天数为 30 天；如果输入的是 2 月，又是闰年为 29 天，非闰年为 28 天；如果输入的是 1～12 之外的月份，则提示输入有误，将对应天数设置为 0。提示：判断闰年的条件是：能被 4 整除但不能被 100 整除，或能被 400 整除。例如，2000 年为闰年；1996 年为非闰年。（题分：20 分）
程序清单：

```
/* fun() 函数功能:根据某年的年份和月份,计算该月天数,使用 return 把结果返回主函数 */。
/* 注意:除在指定位置添加语句之外,请不要改动程序中的其他内容。补充语句不限一句,可多句 */
#include <iostream.h>
int fun(int y,int m)
{
    int d;
    /* 请在两条星线之间填入相应的代码，完成天数的计算 */
    /***************************************************************/

    /***************************************************************/
}
void main()
{
```

```
    int year,month,day;

    cout<<"请输入年份:";
    cin>>year;
    cout<<"请输入月份:";
    cin>>month;
    day=fun(year,month);

    if(day!=0) cout<<year<<"年"<<month<<"月有"<<day<<"天"<<endl;
}
```

3. 【综合应用题】(注：以下文件均保存在试题盘 shiti\five\4000253 文件夹中) 打开 proj3.cpp 文件，编写程序，利用指针找出数组 b={13,8,4,12,44,6,0,2} 中最小元素所在的下标和元素值。
（题分：20 分）

程序清单：

```
/* 程序功能: 利用指针找出数组 b={13,8,4,12,44,6,0,2}中的最小元素所在的下标和值 */
/* 注意:补充语句不限一句，可多句 */
#include <iostream.h>
void main()
{
    int b[]={13,8,4,12,44,6,0,2};
    int *p=b;
    /* 请在两条星线之间填入相应的代码(注: 必须使用指针和 for 循环实现) */
    /***********************************************************/


    /***********************************************************/
    cout<<"数组中最小是下标为"<<j<<"个的元素，值为"<<min<<endl;
}
```

4. 【综合操作题】(注：以下文件均保存在试题盘 shiti\five\4000254 文件夹中) 已知一个源程序文件 proj4.cpp，构建一个基类 Shape 类，它是一个表示形状的抽象类，area()为求图形面积的虚函数。请从 Shape 类公共派生矩形类（Rectangle），然后编制应用程序，建立矩形类对象，求矩形的面积，并输出它们的有关数据。（题分：25 分）

① 完成派生类 Rectangle 对基类 Shape 的公共继续声明。

② 定义 Shape 类的 int 型保护数据成员 length 和 breadth，表示形状的长和宽。

③ 完成 Shape 类成员函数 area()定义，设置为虚函数。

④ 完成派生类 Rectangle 构造函数的定义，实现数据成员的初始化。

⑤ 完成派生类 Rectangle 成员函数 area()定义，求矩形面积并输出长、宽和面积。

程序运行后的输出结果如下：

```
Rectangle:
length: 3
breadth: 5
area: 15
```

程序清单：

```
/* 注意:除在指定位置添加语句之外，请不要改动程序中的其他内容，补充语句不限一句，可多句 */
#include <iostream.h>
class Shape
```

```
{
    protected:
        /* 在两条星线之间填入相应的代码 */
        /* 定义保护数据成员 length 和 breadth，表示形状的长度和宽度，它们都是 */
        /* int 型数据 */
        /********************************************************************/
              ②
        /********************************************************************/
    public:
        Shape(int x,int y)
        {
            length=x; breadth=y;
        }
        /*请在两条星线间填入相应代码，完成 Shape 类成员函数 area 的定义，设置为虚函数 */
        /********************************************************************/
              ③
        /********************************************************************/
};
/* 请在两条星线间填入代码，完成派生类 Rectangle 对基类 Shape 的公共继续声明 */
/************************************************************************/
        ①
/************************************************************************/
{
    public:
        /* 请在两条星线之间填入相应的代码 */
        /* 完成派生类 Rectangle 的构造函数的定义，实现数据成员的初始化 */
        /****************************************************************/
              ④
        /****************************************************************/
        /* 请在两条星线之间填入相应的代码 */
        /* 完成派生类 Rectangle 成员函数 area()定义，求出矩形长度、宽度和面积 */
        /* 并输出到屏幕 */
        /****************************************************************/
              ⑤
        /****************************************************************/
};
void main()
{
    Rectangle r(3,5);
    r.area();
}
```

附录 A

参 考 答 案

A.1 主教材习题参考答案

本习题参考答案给出了与《C 语言程序设计》(主教材)配套的共 12 章的选择题、填空题所对应的参考答案,以帮助读者巩固各章节所学的知识。

习题 1 参考答案

一、选择题

1. C 2. A 3. B 4. A 5. D 6. C 7. A 8. B 9. B 10. C 11. A 12. C

二、填空题

1. 机器语言、汇编语言、高级语言、面向任务程序设计语言、面向对象程序设计语言
2. 自然语言、流程图、伪代码　　　　3. 顺序结构、选择结构、循环结构
4. 函数、函数首部、函数体、1、多　　5. scanf()、printf()
6. ;　　　　　　　　　　　　　　　7. /*、*/
8. 用户自定义标识符、字母、数字、下画线、字母、下画线
9. 源程序文件、.c、目标文件、.obj、可执行文件、.exe、可执行文件
10. 编辑、编译、连接、运行、编译错误、连接错误、运行错误

习题 2 参考答案

一、选择题

1. A 2. B 3. C 4. D 5. A 6. D 7. C 8. B 9. D 10. D

二、填空题

1. 1　　　　　　　　　　　　　　　2. n%2==0
3. 2.5　　　　　　　　　　　　　　4. pow(x,y/(2+y))/sqrt(3*3.14)
5. x=9,y=7　　　　　　　　　　　　6. 30
7. ① s=0,t=0 ② t=t*10+i　　　　8. ① s=0. ② s=s+1.0/n
9. ① scanf("%d",&a) ② max=a

习题 3 参考答案

一、选择题

1. B 2. C 3. A 4. A 5. B 6. C 7. C 8. C 9. C 10. B

11．D 12．A 13．C 14．C 15．A 16．A 17．B 18．A 19．D 20．A

二、填空题

1．short、int、long、unsigned
2．float、double
3．a=a−(a+b)或 a=−b
4．1
5．(x>=0)?x:−x
6．0、4.5、0、0、0、6.5
7．max=(((max=(a>b)?a :b)<c) ?c :max)
8．0　3　4
9．a:b、c:t1
10．25　21　37
11．9, 11, 9, 10
12．30, 1, 0, 0

习题 4　参考答案

一、选择题

1．B　2．C　3．D　4．A　5．C　6．D　7．D　8．B　9．D　10．A
11．C　12．D　13．B　14．A

二、填空题

1．1
2．x>10&&x<100||x<0
3．y%2==1
4．(x<z&&y>=z)|| (y<z&&x>=z)
5．7
6．0、1、1、0、1
7．① char grade　② mark>=0&&mark<=100
8．① ss　② mm++　③ hh==24
9．−4

习题 5　参考答案

一、选择题

1．C　2．A　3．C　4．A　5．B　6．C　7．D　8．A　9．C　10．C
11．D　12．B　13．B　14．C　15．C　16．A　17．D　18．A　19．A　20．C

二、填空题

1．for、while、do…while、do…while、for、while、for
2．abcDEF
3．54321
4．4

5.
```
1                    1                    *
2 2                  1 2                  *   *
3 3 3                1 2 3                * * *
4 4 4 4              1 2 3 4              * * * *
5 5 5 5 5            1 2 3 4 5            * * * * *
```

6．① c!='\n'　② c>='0'&&c<='9'
7．① 2*i−1　② printf('\n')
8．① x>=0　② x<amin
9．① x!=0　② y=y*2+t
10．① i<month　② i　③ days=days+d

习题 6　参考答案

一、选择题

1．D　2．B　3．A　4．D　5．D　6．A　7．B　8．C　9．B　10．D

11．B 12．C 13．D 14．C 15．B 16．C 17．C 18．B

二、填空题

1．用户自定义函数、有返回值函数、无返回值函数   2．局部变量、全局变量

3．9.5   4．x=9,y=5   5．15

6．1   7．5,4,3   8．7 8 9

9．2 6   10．8   11．① <=y ② z*x

12．① 1 ② s*i ③ 0 ④ f(k)   13．① s=0 ② s=s+f(x) ③ x*x*x+1

习题 7 参考答案

一、选择题

1．D 2．A 3．A 4．B 5．C 6．D 7．C 8．D 9．C 10．B

11．A 12．B

二、填空题

1．首地址、常量、[0, N-1]   2．10

3．不确定的、0   4．整型常量、整型变量、整型表达式

5．3、0、0   6．10010

7．① i=1 ② x[i-1]   8．① &a[i] ② index=-1 ③ break

9．① s[i]==alpha[k] ② break ③ num[k]

习题 8 参考答案

一、选择题

1．A 2．D 3．A 4．B 5．A 6．D 7．C 8．A 9．C 10．D

11．B 12．B 13．A 14．A 15．A 16．B

二、填空题

1．间接访问运算符、取地址运算符、p、p   2．6,8   3．1, 5, 24

4．2 4   5．66   6．Result=-12345

7．① c ② num[c-'A']++ ③ num[i]

8．① str+strlen(str)-1 ② t!=1（或 t==0） ③ huiwen(str)

9．① *k=p ② findmax(a, 10, &k)

10．① return t ② return s ③ fun(a, b)

习题 9 参考答案

一、选择题

1．D 2．B 3．B 4．D 5．C 6．D 7．A 8．D 9．D 10．D

二、填空题

1．结构体类型、.、->   2．12 、6.0

3．1 2 A B   4．23, wang, 98.5, wang

5．① s[k].aver ② s[k].aver>s[maxsub].aver ③ maxn=fun(s, n)

6．① time.ss ② time.mm ++ ③ time.hh==24

7. ① stu[i].name,&stu[i].age ② p=&stu[i] ③ p->name,p->age
8. ① stu[i].name,&stu[i].age ② avg=avg/n ③ count++
9. ① stu[i].name,&stu[i].sex,&stu[i].age ② count=analysis(stu,n,sex,avg/n)
  ③ count++

习题 10 参考答案

一、选择题

1. D 2. C 3. C 4. C 5. A 6. D 7. B 8. A

二、填空题

1. 数据域、指针域、插入结点、删除结点
2. malloc、calloc、realloc、free
3. ① struct link *next   4. ① p=p->next ② p->data<m
5. ① (int *) ② s ③ *b
6. ① (struct list *) ② struct list ③ (struct list *) ④ struct list ⑤ return h
7. ① p!=NULL ② C++ ③ p->next
8. ① (struct list *head) ② p->data ③ p->next ④ return s
9. ① (struct list **s) ② p->next ③ (**s).data ④ &q
10. ① q->next=p->next ② p=p->next

习题 11 参考答案

一、选择题

1. C 2. C 3. B 4. A 5. C 6. B 7. A 8. C 9. B 10. A
11. C 12. B

二、填空题

1. union、enum   2. typedef
3. 3, 3   4. 3
5. 66, 66   6. 3,259
7. 3, 3   8. 2, 2,3,3
9. 0,4,5,10   10. 1,6

习题 12 参考答案

一、选择题

1. B 2. A 3. D 4. D 5. D 6. C 7. C 8. B 9. B 10. D
11. D 12. B 13. C 14. B 15. D 16. A 17. A 18. A

二、填空题

1. fopen、fclose   2. 文件名字符串、打开方式字符串
3. 缓冲文件系统使用文件缓冲区
4. fputc   5. feof   6. fname、fp
7. "w"、str[i]-32、"r"

A.2　二级考试模拟试题参考答案

模拟试题一参考答案

一、理论题（20分，每小题1分）

1. A　2. A　3. B　4. A　5. B　6. C　7. A　8. C　9. B　10. A
11. A　12. B　13. B　14. C　15. B　16. C　17. C　18. C　19. B　20. C

二、操作题（80分）

1. 简单操作题（15分）

① for(j=1;j<n-i;j++)

② p[j-1]=p[j];

③ pi=a1;

2. 简单应用题（20分）

```
int tax;
if(temf>5000) tax=(temf-5000)*0.2+(5000-800)*0.03;
else if(temf>800) tax=(temf-800)*0.03;
else tax=0;
return tax;
```

3. 简单操作题（20分）

```
cin.getline(p,100,'\n');
while(*p!='\0')
{
    if(*p==' ')k=0;
    else if(k==0){
        if(*p>='a'&&*p<='z')*p=*p-32;
        k=1;
    }
    p++;
}
cout<<"结果:"<<str<<'\n';
```

4. 综合应用题（25分）

① float chinese,math,english;

② chinese=(float)c; math=(float)m; english=(float)e;

③ float sum;
　　sum=chinese+math+english;
　　cout<<"总分:"<<sum<<endl;

④ void Student::average()
　　{
　　　　float avg;
　　　　avg=(chinese+math+english)/3;
　　　　cout<<"平均分:"<<avg<<endl;

```
    }
5. Student stud(65.3,78,90);
```

模拟试题二参考答案

一、理论题（20 分，每小题 1 分）

1. B 2. B 3. D 4. C 5. B 6. B 7. C 8. B 9. B 10. D
11. C 12. D 13. D 14. B 15. A 16. C 17. A 18. A 19. B 20. B

二、操作题（80 分）

1. 简单操作题（15 分）

① b[k]=r;
② while(x!=0);
③ cout<<b[i];

2. 简单应用题（20 分）

```
int i,result;
double sum,avg;
for(i=0,sum=0;i<n;i++)
    sum+=a[i];          /* 求总和 */
avg=sum/n;              /* 求平均值 */
for(i=0,result=0;i<n;i++)
    if(a[i]>=avg)result++;   /* 统计大于等于平均值的元素个数 */
return result;          /* 返回统计结果 */
```

3. 简单操作题（20 分）

```
int i=1,num;
long int sum=0;
cout<<"请输入一个正整数: ";
cin>>num;
while(i<=num)
{
    sum+=i;
    i++;
}
cout<<"1+2+3+…+num="<<sum<<endl;
```

4. 综合应用题（25 分）

① int year,month,day;
② Date(){ year=1;month=1;day=1; }
③ year=y;month=m;day=d;
④ cout<<year<<"年"<<month<<"月"<<day<<"日"<<endl;
⑤ national_day.print();

模拟试题三参考答案

一、理论题（20 分，每小题 1 分）

1. D 2. B 3. A 4. A 5. D 6. D 7. B 8. C 9. B 10. C
11. A 12. B 13. D 14. D 15. D 16. B 17. C 18. C 19. C 20. A

二、操作题（80分）

1. 简单操作题（15分）

```
for(i=1;i<=100;i++)if(i/100==5||i%10==5||i/10%10==5)s=s+i;
```

2. 简单操作题（20分）

```
for(int i=0;text[i];i++)
    if((text[i]>='a'&&text[i]<='z'|()(text[i]>='A'&&text[i]<='Z'))n++;
```

3. 简单应用题（20分）

```
int score[10],sum=0,i;
float ave;
for (i=0;i<10;i++)
{
    cin>>score[i];
    sum+=score[i];
}
ave=sum/10.0;
for(i=0;i<10;i++)
    if(score[i]>=ave)cout<<score[i]<<endl;
```

4. 综合应用题（25分）

① `float r,p,s;`

② `r=d;`

③ `p=4*r;`

④ `s=r*r;`

⑤
```
    void Square::print()
    {
        cout<<"边长:"<<r<<endl;
        cout<<"周长:"<<p<<endl;
        cout<<"面积:"<<s<<endl;
    }
```

⑥
```
    Square square(4.0);
    square.perimeter();
```

模拟试题四参考答案

一、理论题（20分，每小题1分）

1. C　2. A　3. A　4. B　5. A　6. A　7. B　8. D　9. A　10. A

11. D　12. D　13. A　14. C　15. D　16. A　17. B　18. A　19. D　20. D

二、操作题（80分）

1. 简单操作题（15分）

① `max_min(array,&m,&n);`

② `*max=a[i];`

③ `*min=a[i];`

2. 简单应用题（20 分）

```
if(n==1)s=1;else s=n*fun(n-2);
return s;
```

3. 简单操作题（20 分）

```
char str1[80],str2[80],str3[160],*p1,*p2,*p3;
cout<<"输入第一个字符串: ";cin>>str1;
cout<<"输入第二个字符串: ";cin>>str2;
p1=str1;p2=str2;p3=str3;
while(*p1!='\0')*p3++=*p1++; /* 连接str1字符串 */
while(*p2!='\0')*p3++=*p2++; /* 连接str联字符串 */
*p3='\0';
cout<<"连接结果: "<<str3<<endl;
```

4. 综合应用题（25 分）

① `class Housing:public Building`

② `int bedrooms,bathrooms;`

③ `Housing(int f,int r,double ft,int bd,int bt):Building(f,r,ft),bedrooms(bd),`
   `bathrooms(bt){ };`

④
```
Building::show();
cout<<" bedrooms: "<<bedrooms<<endl;
cout<<" bathrooms: "<<bathrooms<<endl;
```

⑤ `Housing hob(5,7,140,2,2);`

模拟试题五参考答案

一、理论题（20 分，每小题 1 分）

1. C 2. D 3. A 4. B 5. D 6. A 7. D 8. D 9. D 10. C
11. B 12. D 13. A 14. B 15. C 16. D 17. C 18. D 19. C 20. B

二、操作题（80 分）

1. 简单操作题（15 分）

① `if(in<0)in=-in;`

② `digit=in%10;`

③ `in=in/10;`

2. 简单应用题（20 分）

```
switch(m)
{
    case  1:case  3:case  5:case  7:case  8:case 10:case 12:d=31;break;
    case  4:case  6:case  9:case 11:d=30;break;
    case  2:d=28;break;
    default:d=0;
}
if(((y%4==0&&y%100!=0)||y%400==0)&&m==2)d=29;
return d;
```

3. 综合应用题（20 分）

```
int i,j,min;
```

```
for(i=0,j=0,min=*p;i<8;i++,p++)
    if(*p<min){j=i;min=*p;}
```

4. 综合操作题（25 分）

① `class Rectangle:public Shape`

② `int length,breadth;`

③ `virtual void area()=0;`

④ `Rectangle(int l,int b):Shape(l,b){};`

⑤
```
void area()
{
    int area;

    area=length*breadth;
    cout<<"Rectangle"<<endl<<endl;

    cout<<" length:"<<length<<endl;
    cout<<" breadth:"<<breadth<<endl;
    cout<<" area:"<<area<<endl;
}
```

参 考 文 献

[1] 科尚. C 语言编程（第 3 版）[M]. 张小潘，译. 北京：电子工业出版社，2006.

[2] 布朗森. 标准 C 语言基础教程（第 4 版）[M]. 单先余，译. 北京：电子工业出版社，2006.

[3] 何钦铭，颜晖. C 语言程序设计[M]. 2 版. 北京：高等教育出版社，2012.

[4] 谭浩强. C 程序设计[M]. 3 版. 北京：清华大学出版社，2005.

[5] 杨路明. C 语言程序设计教程[M]. 2 版. 北京：北京邮电大学出版社，2005.

[6] 颜晖，柳俊. C 语言程序设计实验与习题指导[M]. 2 版. 北京：高等教育出版社，2012.

[7] 谭浩强. C 程序设计题解与上机指导[M]. 3 版. 北京：清华大学出版社，2005.

[8] 杨路明. C 语言程序设计上机指导与习题选解[M]. 2 版. 北京：北京邮电大学出版社，2005.

[9] 全国计算机等级考试命题研究组. 全国计算机等级考试笔试考试与习题集：2009 版二级 C 语言程序设计[M]. 天津：南开大学出版社，2008.